Guide pratique de **la démolition des bâtiments**

Chez le même éditeur

Association Française du Génie Parasismique (AFPS), *Guide de la conception parasismique des bâtiments*

Michel Brabant, *Maîtriser la topographie*

Collectif Eyrolles, *Règles de construction parasismique*

Patricia Grelier Bessmann, *Pratique du droit de la construction*

Pierre Martin, *Géomécanique appliquée au BTP*

Marc Moro, Marcel Chouraqui, Mireille Dedieu, *Guide pratique de la gestion des bâtiments*

Hélène Surgers, *La coordination santé-sécurité*

Jean-Jacques Terrin, collectif Eyrolles, *Maîtres d'ouvrage, maîtres d'œuvre et entreprises*

Jean-Franck Videgrain et Patrick Vrignon, *Qualité, certification et qualification en BTP*

Guide pratique de **la démolition des bâtiments**

Jean-Claude Philip • Fouad Bouyahbar • Jean-Pierre Muzeau

EYROLLES

ÉDITIONS EYROLLES
61, bld Saint-Germain
75240 Paris Cedex 05
www.editions-eyrolles.com

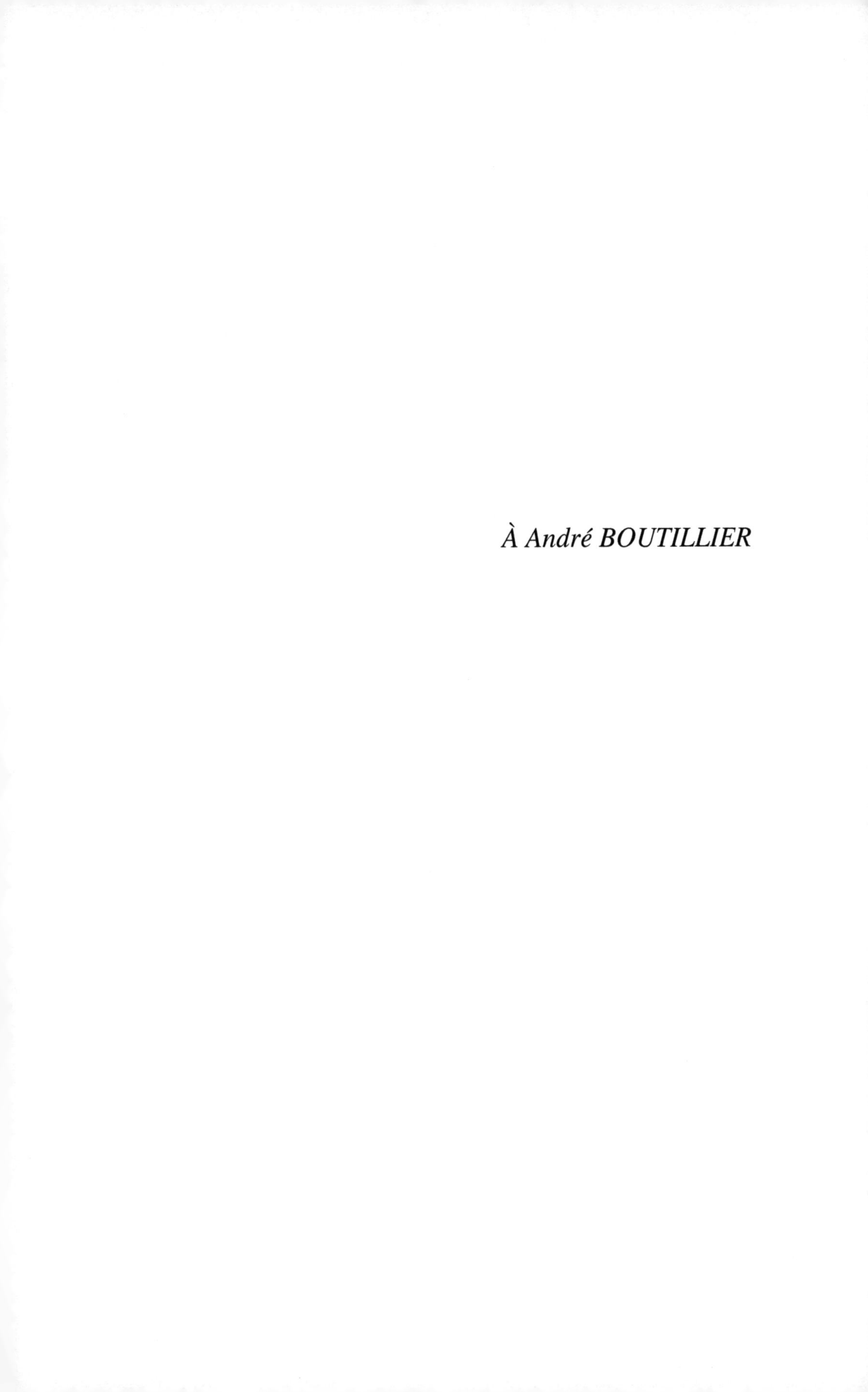

À André BOUTILLIER

REMERCIEMENTS

Merci à Madame Anne-Marie BELIN, directrice générale de la SEMAVIP.

Merci à Monsieur Yves PIGEON, ingénieur DPE de la RATP, pour ses précieux conseils sur les contraintes en travaux souterrains.

Merci à Monsieur Edouard LEROUX de la DCN.

Merci à Monsieur Marcel FORNI (expert).

PRÉFACE

De tout temps, l'Homme s'est attaché à construire...

Il l'a fait pour ses besoins, il l'a fait pour la beauté, parfois pour les deux.

Le progrès et les nouveaux modes de vie ont fait que ces besoins changent, que certaines constructions ne deviennent plus adaptées à la vie sociale, à la technique ; il est alors nécessaire de changer l'espace, de déconstruire.

Ce renouveau de l'espace, surtout en zones urbaines, mais également ailleurs, entraîne de nombreuses contraintes. Contraintes qui ont généré des nouveaux procédés, des recherches, et ont exigé une parfaite connaissance de l'ouvrage à démolir, ouvrage bien souvent de structure complexe.

Il y a tout un ensemble de savoir-faire, de techniques, de connaissances théoriques et pratiques qui se devaient d'être rassemblés et exposés.

C'est ainsi que Jean-Claude Philip, ingénieur diplômé par l'État, Fouad Bouyahbar, ingénieur de l'École Centrale de Paris, Jean-Pierre Muzeau, docteur d'État ès Sciences Physiques se sont réunis et ont rédigé le présent ouvrage.

Pourquoi cette diversité ?

C'est sans doute parce que maintenant la démolition doit répondre à des objectifs économiques, environnementaux, sécuritaires. Elle s'est éloignée définitivement du simple stade de l'abattage pour relever d'une profession parfaitement structurée, tournée vers une évolution constante, à la recherche de procédés nouveaux et performants.

Vous trouverez dans cet ouvrage les réponses aux problèmes que rencontrent souvent les urbanistes, les ingénieurs des bureaux d'études, de contrôle, les responsables de sécurité, et même parfois les politiques.

Cet ouvrage s'insérera parfaitement dans leur bibliothèque.

Jean-Marie HACHE

Ingénieur diplômé par l'État,
ingénieur EUR ING.

INTRODUCTION

S'il fallait définir l'acte de démolir, on pourrait retenir la définition suivante :

C'est l'ensemble des actions visant à décomposer une structure, un ouvrage, en éléments suffisamment réduits pour être évacués, éventuellement recyclés, dans les meilleures conditions de sécurité, en mettant en œuvre les procédés et méthodes les mieux adaptés.

La démolition a bien sûr son Histoire.

Peu d'évolution entre la démolition de la Bastille pierre par pierre par un entrepreneur – dont l'Histoire a retenu le nom : le citoyen Palloy – et le début du XXe siècle.

Vers 1880, on pense déjà, timidement, au recyclage de certains matériaux. À cette époque, on peut noter dans les articles 1307 et 1308 du « code Perrin », ou « dictionnaire des Constructions », l'obligation des propriétaires de prévenir le maire *[...] 10 jours à l'avance, afin que le salpétrier puisse, s'il y a lieu, extraire des matériaux le salpêtre qu'ils peuvent contenir [...].*

Fin de la deuxième guerre mondiale. L'afflux du matériel américain transforme la profession et exige des nouvelles compétences dues à la mécanisation.

En 1983, en France, les premières démolitions au moyen d'explosifs ont apporté une nouvelle dimension à l'activité, qui a exigé de plus en plus de technicité. La profession a dû s'adapter.

Le présent ouvrage n'a pas vocation à donner des leçons en matière de démolition, le savoir-faire des entreprises étant reconnu par tous. Il a pour objectif de proposer des points de repères aux intervenants dans l'acte de construire, pour les épauler dans une meilleure compréhension des problèmes liés à la démolition.

C'est dans cette perspective que nous aborderons les principaux thèmes suivants :

- Généralités sur les matériaux constitutifs des structures
- Généralités sur la stabilité des structures
- Les procédés courants de démolition
- Les procédés utilisant l'explosif, l'onde de choc, l'expansion
- Les procédés thermiques
- Les procédés utilisant la poussée (hydraulique, gaz)
- Exemples de démolitions
- Les reprises en sous-œuvre
- Les techniques de relevage
- L'évaluation sommaire des quantités en démolition

Bien sûr, le volet réglementaire sera abordé. Pour terminer, la charte environnementale déjà prise en compte sur des chantiers de démolition sera explicitée. Elle répond aux exigences en matière de « Haute Qualité Environnementale » (HQE) pour les chantiers de construction.

SOMMAIRE

1 DONNÉES STRUCTURELLES

Les matériaux constitutifs des structures

Les principaux ouvrages rencontrés en démolition comportent des structures réalisées en acier, en béton armé ou en béton précontraint.

On rencontre également des structures en maçonnerie de moellons ou des structures en bois mais, en règle générale, en dehors des problèmes de soutènement abordés dans les chapitres suivants, ce type de structure présente moins de difficultés pour la démolition car les ouvrages réalisés sont généralement de faible hauteur.

L'acier

Le démantèlement des sites industriels concerne souvent des ouvrages métalliques. Leur démolition est différente de celle des ouvrages en béton en raison des caractéristiques spécifiques au matériau acier.

L'acier possède un comportement mécanique **élastique linéaire**, aussi bien en traction qu'en compression et cela jusqu'à la limite d'élasticité notée f_y (figure 1.1). La valeur de cette dernière dépend de la nuance de l'acier (tableau 1.1).

Tableau 1.1 : Caractéristiques mécaniques des aciers

Nuance d'acier	Ancienne dénomination	Limite d'élasticité	Résistance à la traction	Allongement à rupture
S235	Fe E 360	235 MPa	360 MPa	26 %
S275	Fe E 430	275 MPa	430 MPa	22 %
S355	Fe E 510	355 MPa	510 MPa	22 %
S460		460 MPa	550 MPa	17 %

Au-delà de la limite d'élasticité, l'acier continue à se déformer jusqu'à la contrainte de rupture notée f_u.

Les aciers de construction sont des matériaux particulièrement ductiles. En effet, leur allongement à rupture (tableau 1.1) est de l'ordre de 20 à 30 %.

On notera que les conditions requises pour pouvoir utiliser un acier en construction sont les suivantes :

- rapport $f_u/f_y \geq 1,2$;
- allongement à rupture supérieur à *15 %* ;
- déformation ultime telle que $\varepsilon_u \geq 20\ \varepsilon_y$.

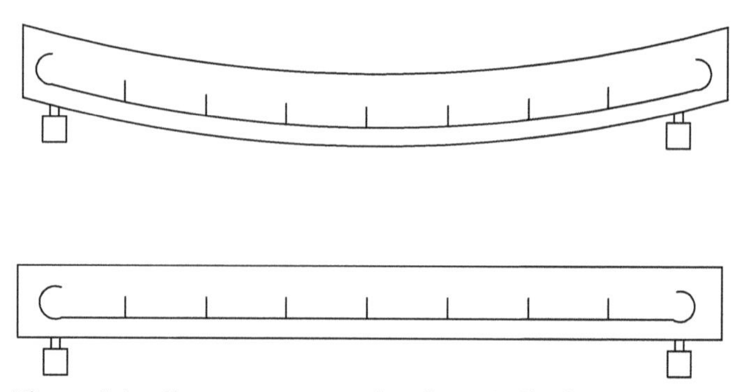

Figure 1.1 : Comportement mécanique de l'acier en traction

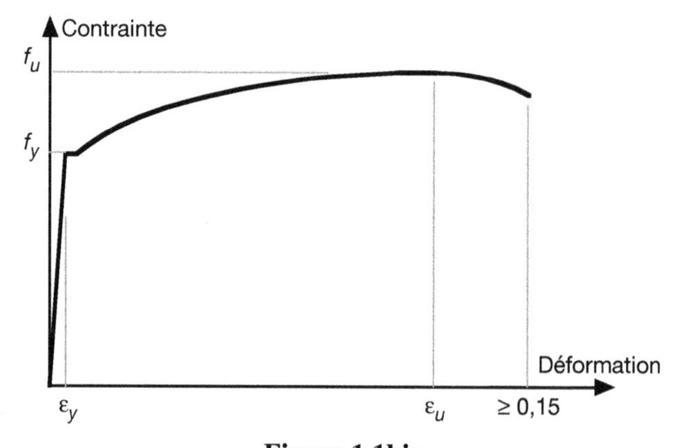

Figure 1.1bis

- Sur le diagramme de la figure 1.1, on remarque deux zones correspondant à des comportements différents :
- le domaine élastique, où les phénomènes sont réversibles ;
- la zone des grandes déformations, qui correspond au domaine plastique (les phénomènes ne sont plus réversibles).
- Le caractère ductile des matériaux métalliques de construction est très intéressant dans le cadre de la sécurité, pour les raisons suivantes :
- La ruine est toujours précédée de grandes déformations structurelles, ce qui permet de prévoir cette ruine.
- Lorsque la limite d'élasticité est atteinte dans un élément d'une structure hyperstatique, il se forme une rotule plastique et les suppléments d'efforts sont redistribués dans les autres éléments structuraux.

Le béton armé

Principe du béton armé

Dans la plupart des structures, certaines parties sont soumises à des contraintes de compression et d'autres à des contraintes de traction. Or, le béton est un matériau fragile qui résiste très bien aux contraintes de compression mais très mal à la traction.

Pour donner un ordre de grandeur, suivant la composition du béton, la contrainte en ruine en compression se situe entre 30 et 50 Mpa, alors qu'en traction elle ne dépasse pas 3 à 5 MPa, soit 10 % environ. Pour pallier cette faiblesse, l'idée est venue de placer des barres d'acier dans les zones où se produisent les efforts de traction, ces barres étant placées dans le sens de ces efforts.

Fonctionnement en traction

On distingue :
- le fonctionnement en flexion ;
- le fonctionnement sous effort tranchant.

Fonctionnement en flexion

Considérons une poutre constituée d'un matériau élastique. Si nous chargeons cette poutre, nous observons le phénomène suivant :
- Les fibres supérieures se raccourcissent. Elles sont donc comprimées.
- Les fibres inférieures s'allongent, ce qui correspond à une mise en traction interne.
- Le principe du béton armé est donc d'utiliser des barres d'acier noyées dans le béton, et cela plus spécialement dans les zones tendues (figure 1.2).

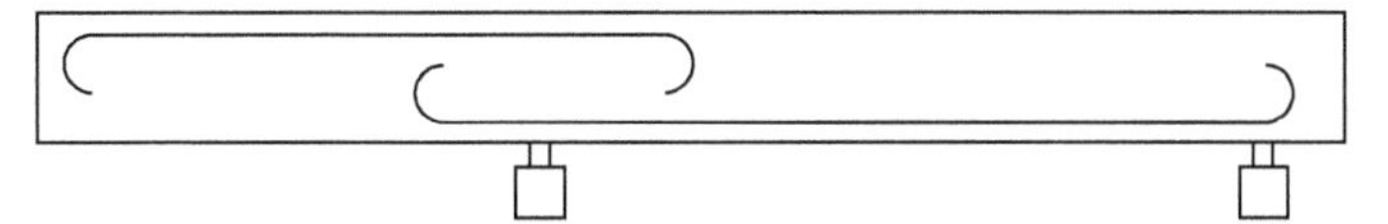

Figure 1.2 : Fonctionnement en flexion entre deux appuis

Considérons maintenant une poutre qui serait prolongée par un porte-à-faux au-delà de l'un de ses appuis.

Sur cet appui, c'est en partie supérieure que se manifestent les efforts de traction dans le béton. C'est donc dans la partie supérieure que doivent être installées les armatures.

C'est ainsi que les armatures seront placées dans la partie inférieure entre les deux appuis, et dans la partie supérieure aux porte-à-faux (figure 1.3).

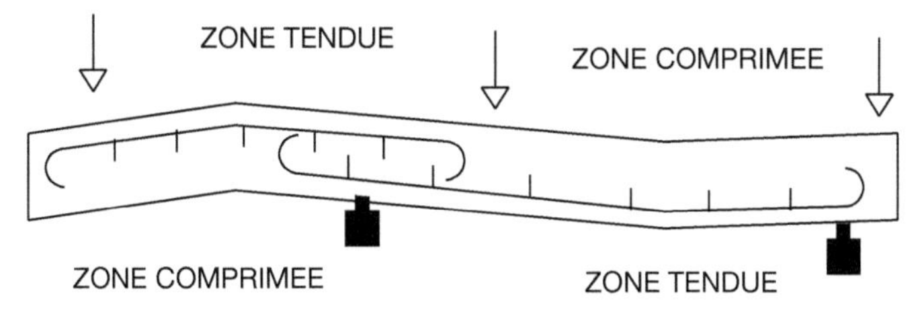

Figure 1.3 : Fonctionnement en flexion (en console)

Fonctionnement à l'effort tranchant

C'est au voisinage des appuis que se produisent en général les efforts tranchants les plus importants.

Ces efforts tranchants entraînent des contraintes de cisaillement et des contraintes de traction, qui peuvent entraîner une fissuration à 45°.

Selon le principe du béton armé, il faudra prévoir des armatures empêchant l'ouverture de ces fissures. Ces armatures sont dites « de couture » ou « transversales ». On les appelle plus communément « cadres » ou « étriers ». Elles sont d'autant plus rapprochées que l'effort tranchant est important (figure 1.4).

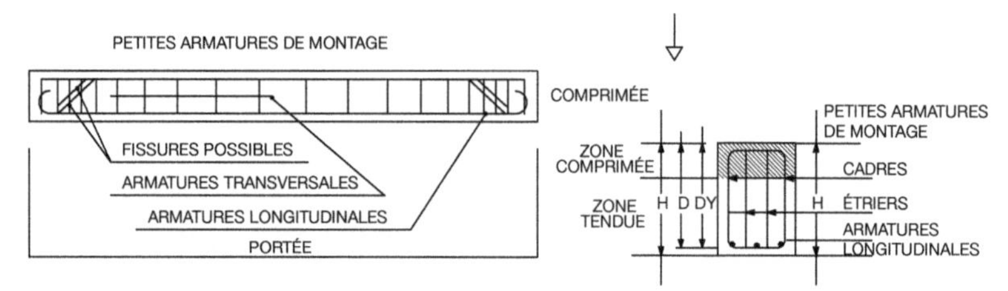

Figure 1.4 : Fonctionnement à l'effort tranchant

Lorsqu'il est tendu, le béton armé se fissure.

Pour éviter ces inconvénients, on a cherché à limiter cette tension. Pour cela, on a appliqué au béton une précontrainte apportée par de l'acier préalablement tendu.

Généralités sur le béton précontraint

En règle générale, on distingue deux types de bétons précontraints :
- le béton précontraint en pré-tension, avec fils adhérents ;
- le béton précontraint en post-tension.

Béton précontraint en pré-tension (ou par fils adhérents)

Dans ce type de béton précontraint, on tend des câbles crantés entre deux culées fixes avant le coulage du béton (figure 1.5).

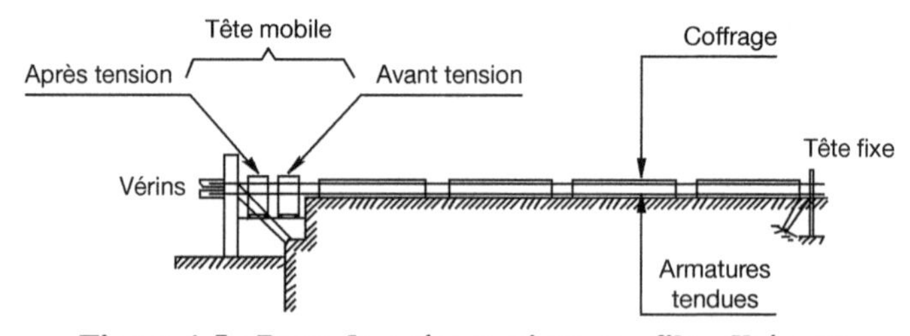

Figure 1.5 : Banc de précontrainte par fils adhérents

Lorsque le béton a durci, on désolidarise les câbles de leur culée. Ils ont alors tendance à reprendre leur position initiale en entraînant le béton adjacent par adhérence, ce qui met le béton en compression.

Avec ce type d'éléments préfabriqués, il est conseillé de procéder à un véritable démontage de la structure.

Lorsque ce démontage a eu lieu, on peut découper les éléments sans risque. L'adhérence acier-béton est suffisante pour maintenir la précontrainte dans les éléments successifs après découpe.

Sur un chantier, on risque de trouver des éléments en béton précontraint par prétension sous forme de poutrelles de charpente, ou de poutrelles de plancher.

Béton précontraint par post-tension avec adhérence

Dans le cas précédent, le coulage du béton a eu lieu après tension des aciers. Dans le cas présent, la tension des aciers a lieu après le coulage et le durcissement du béton.

Le procédé est mis en œuvre de la façon suivante :

On crée dans la pièce à précontraindre une réservation à l'aide d'une gaine ou d'un tube positionné avant le coulage. Lorsque le béton a durci, on y installe un câble qui est ensuite tendu à l'aide d'un vérin (figure 1.6).

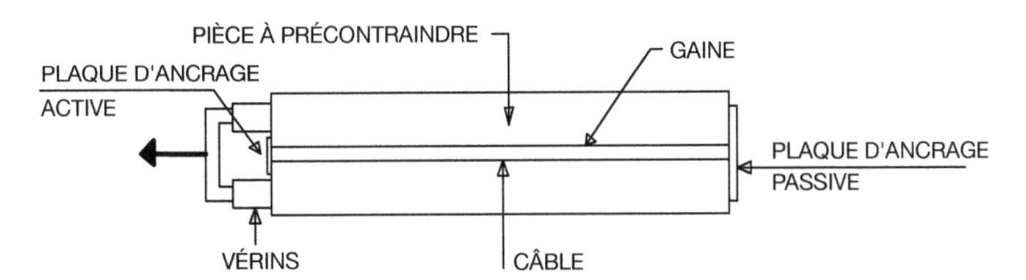

Figure 1.6 : Précontrainte par post-tension

L'intensité de la précontrainte est fonction de l'allongement du câble. Elle est maintenue par les plaques d'ancrage (actives ou passives). Après mise en tension, on injecte dans la gaine un coulis de ciment qui a un double effet :

- de protéger les câbles de la corrosion ;
- d'assurer l'adhérence du câble à la structure du béton.

C'est ce procédé qui intervient dans la structure porteuse de certains bâtiments industriels dont l'utilisation demande des poutres de grande portée.

Le choix des modes opératoires est décidé en fonction du comportement du béton précontraint lors de la détension des câbles.

Hypothèses prises en compte

Trois hypothèses ont été envisagées sur le comportement de l'injection :

- injection nulle ;
- l'injection fonctionne normalement ;
- la qualité de l'injection est variable le long du câble.

* Injection nulle ou très insuffisante :

La coupe du câble étant instantanée, l'énergie emmagasinée est libérée brutalement.

Il s'ensuit :
- une projection de tronçons de fils vers l'extérieur ;
- la perte brutale de précontrainte, ce qui entraîne la diminution instantanée de la résistance à la traction de l'élément concerné.

*Injection fonctionnant normalement :

Lors de la coupure des câbles, l'injection permet au câble de s'ancrer dans la gaine. Il se crée alors un nouveau système de précontrainte moins élancé que le précédent, puisque la tension du câble a diminué, mais dont les extrémités sont libres parce que libérées de la structure.

*Injection variable le long du câble :

Après sectionnement, le câble est partiellement ancré, partiellement libre. Son comportement peut encore évoluer lors d'opérations de transport ou de levage.

Quoi qu'il en soit, par prudence, on considère que l'injection est nulle.
- Ce qu'il ne faut pas faire :
  - couper la poutre.

Conséquence : projection non maîtrisée du câble de précontrainte.
- Ce qui peut être fait :
  - déposer la poutre sans la couper ;
  - la déposer dans un fossé entouré d'un merlon de terre ;
  - après avoir mis le personnel à l'abri, couper la poutre.

Conséquence : projection en partie maîtrisée.
- Ce qui doit être fait :
1. étayer la poutre ;
2. appliquer la lance thermique sur la partie haute de la poutre. Cette action permet d'élever progressivement la température du câble de précontrainte, et d'obtenir sa détension par allongement ;
3. démolir la poutre par moyens mécaniques.

Il peut être procédé par utilisation du jet d'eau haute pression. Dans ce cas, les actions sont les suivantes :
1. étayer la poutre ;
2. dégarnir le béton à partir du milieu de la poutre au moyen d'un jet haute pression. Après suppression du béton, seule subsiste l'armature métallique qui joue un rôle d'amortisseur. La détension du câble se fait progressivement ;
3. démolir la poutre par moyens mécaniques.

Généralités sur les structures

Cette partie de l'ouvrage n'a d'autre ambition que de permettre d'approcher le fonctionnement de structures élémentaires en acier et en béton armé.

Structures métalliques

Considérons un treillis composé de 4 barres, 4 nœuds et reposant sur 2 appuis (1 appui bloqué XY, un appui X bloqué, Y libre).

Si l'on applique une force horizontale F, on obtient une déformation.

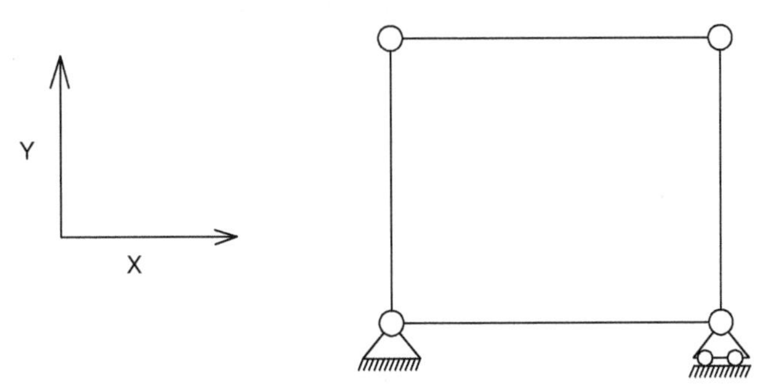

Figure 1.7

En ajoutant une barre, le treillis ne se déforme plus : il devient isostatique, c'est-à-dire que les déplacements des nœuds sont micrométriques, et ne correspondent plus qu'à l'élasticité du matériau.

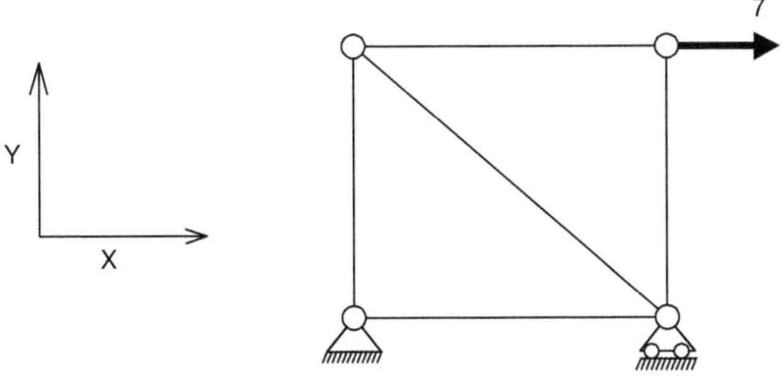

Figure 1.8

Si l'on ajoute encore une barre, le treillis devient hyperstatique (palée n° 3).

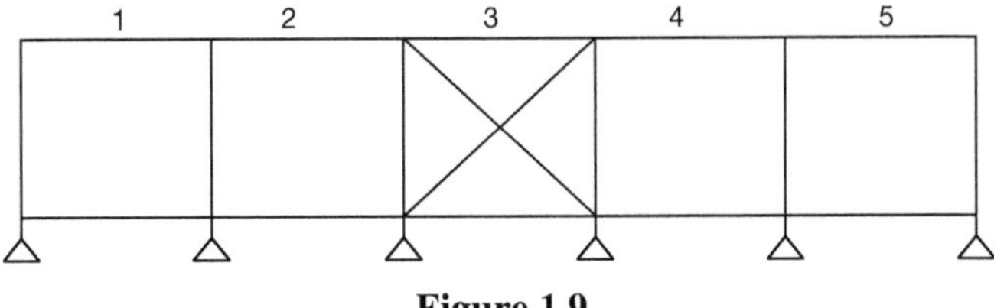

Figure 1.9

Application

Soit une structure métallique composée de 5 travées.

La palée n° 3 comporte une palée de contreventement qui rend cette travée hyperstatique ; par conséquent, l'ensemble est stabilisé par la travée.

Dans ce cas, il peut être envisagé deux méthodologies.

Méthodologie 1 :

Les travées 1, 2, 4, 5 sont découpées, la suppression de la travée 3 intervenant en phase finale.

Méthodologie 2 :

La palée de contreventement est affaiblie.

Le bâtiment est tiré au câble après arrachement de la palée de contreventement.

Structures en béton armé

Dans certaines constructions à usage industriel, on rencontre des structures en béton armé (système poutres-poteaux) rendues hyperstatiques par un voile entre deux poteaux.

La démolition de ce type de structure doit s'effectuer de part et d'autre de ce voile, qui assure la stabilité et sera démoli en phase finale.

Dans le cas d'immeubles d'habitation construits en béton armé, la stabilité est assurée notamment par un système de planchers ou poutres continus.

Principe

Prenons l'exemple d'une poutre continue.

Si nous considérons la courbe des moments, nous avons le schéma obtenu figure 1.10

Figure 1.10

Cela se matérialise de la manière suivante dans la construction :

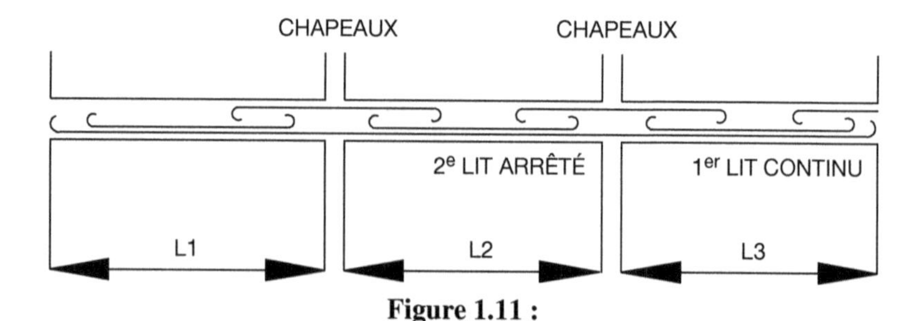

Figure 1.11 :

Le moment (+) est repris en nappe basse par les lits continus et les lits arrêtés.

Le moment (–) est repris par les chapeaux.

La stabilité est assurée :
- perpendiculairement à la façade, par les murs porteurs ;
- parallèlement à la façade, par les refends.

Ainsi, dans le cas d'une démolition partielle d'une structure poutre ou plancher continu, en dehors des joints de dilatation, la découpe ne peut être exécutée que sur la ligne du moment m (0), et en aucun cas au droit des porteurs.

Surcharges admissibles

Il importe de connaître quelques valeurs de charges d'exploitation pour définir, suivant le matériel utilisé, s'il y a lieu ou non d'étayer.

Les valeurs habituelles sont les suivantes :

Nature	Utilisation	Surcharge (daN/m^2)	Observations
Terrasses	Non accessibles	100	Ces charges sont remplacées par les charges climatiques si elles sont supérieures
	Accessibles privées	175	
	Accessibles public	500	
Habitations	Locaux	175	
	Escaliers	250	
	Balcons	350	
Bureaux	Locaux privés	200	Sauf archives
	Locaux publics	250	
	Escaliers	400	Sauf archives
Hôpitaux	Chambre individuelle	175	
	Salles communes	350	
	Balcons	350	
	Escaliers	400	
Écoles	Salles de classe	350	
	Escaliers, préaux	400	

Nature	Utilisation	Surcharge (daN/m²)	Observations
Commerces	Boutiques	400	
	Grands magasins	500	
Lieux publics	Salles de spectacle	500	
	Salles de danse	500	
	Cinémas	500	

2 PROCÉDÉS COURANTS DE DÉMOLITION

Sans tenir compte de la démolition à l'aide d'outils manuels, on peut considérer que les procédés de démolition se divisent en quatre grandes familles :
- les procédés mécaniques ;
- les procédés utilisant l'onde de choc ou l'explosif ;
- les procédés thermiques ;
- la découpe au jet d'eau à haute pression.

Procédés mécaniques

Parmi les procédés mécaniques utilisés couramment dans la démolition, on peut distinguer quatre catégories :
- les procédés utilisant la percussion ou des vibrations ;
- les procédés agissant par traction de câbles ;
- les procédés de découpage par perçage ou sciage avec des outils diamantés ;
- les procédés fondés sur la dislocation.

Procédés utilisant la percussion ou des vibrations

Cette catégorie regroupe :
- du matériel léger ;
- du matériel lourd.

Matériel léger

Le matériel léger comprend le marteau piqueur et le marteau foreur ou perforateur.

► **Marteau piqueur**

Le marteau piqueur est un outil à chocs. Sa cadence est rapide (1 000 à 2000 coups/minute).

La frappe pénétrante est assurée par un piston libre fonctionnant par air comprimé.

C'est un outil relativement léger (10 à 35 daN). L'énergie par coup est de 45 à 130 joules.

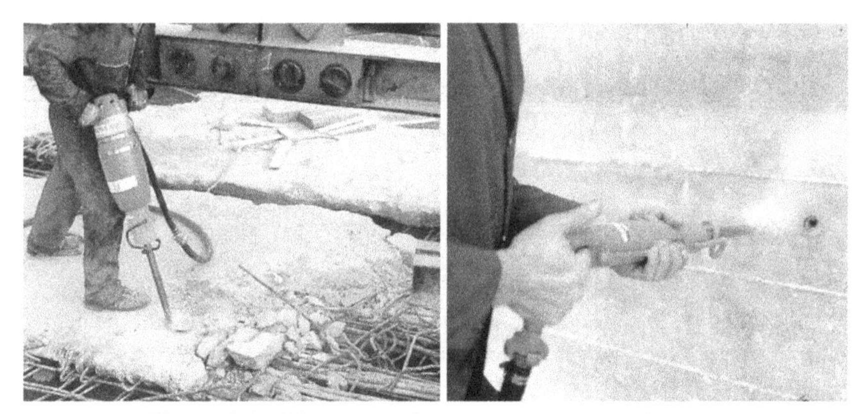

Figure 2.1 : Marteaux piqueurs et marteaux foreurs

Marteau foreur

Le marteau foreur est un appareil qui permet de percer des trous dans le béton par rotation et percussion combinées. On l'utilise généralement pour percer des trous de faible diamètre (10 à 150 mm). L'ordre de grandeur des vitesses de rotation en fonction du diamètre à percer est le suivant :

D (mm)	V (tours/min)	Frappe (coups/min)
10	900	10 000
15	600	7 000
30	500	6 000
150	25	1

Matériel lourd

Le matériel lourd comprend le brise roche et la cisaille hydrauliques ainsi que le boulet.

Brise roche hydraulique

Le brise roche hydraulique (BRH) est un « gros » marteau piqueur fixé au moyen d'un berceau sur le bras d'une pelle hydraulique (figure 2.2). Son fonctionnement est assuré par la pression d'huile de l'engin porteur.

La cadence de frappe est moins élevée que celle du marteau piqueur (400 à 1 000 coups/min suivant la dureté du matériau). C'est un outil lourd (100 à 2 700 daN). L'énergie par coup est de l'ordre de 2000 joules.

Le principal inconvénient de ce type de matériel est qu'il engendre des vibrations.

Tenant compte de l'énergie libérée, la SNCF a établi un classement en trois catégories :

- La première catégorie regroupe les engins dont la force de frappe est inférieure à 1800 Joules par coup.
- La deuxième catégorie concerne les engins de moyenne puissance, notamment les BRH dont l'énergie de frappe est comprise entre 1 800 et 2 500 joules par coup.
- La troisième catégorie correspond aux engins dont l'énergie de frappe est supérieure à 2 500 joules par coup.

Pince à béton

C'est une variante du BRH. Cet appareil (figure 2.3) combine le serrage et les vibrations. Comme les BRH, il est fixé sur le bras de la pelle hydraulique au moyen d'un berceau. Son fonctionnement est assuré par la pression d'huile de la pelle elle-même. L'ouverture de la pince peut aller jusqu'à 60 cm.

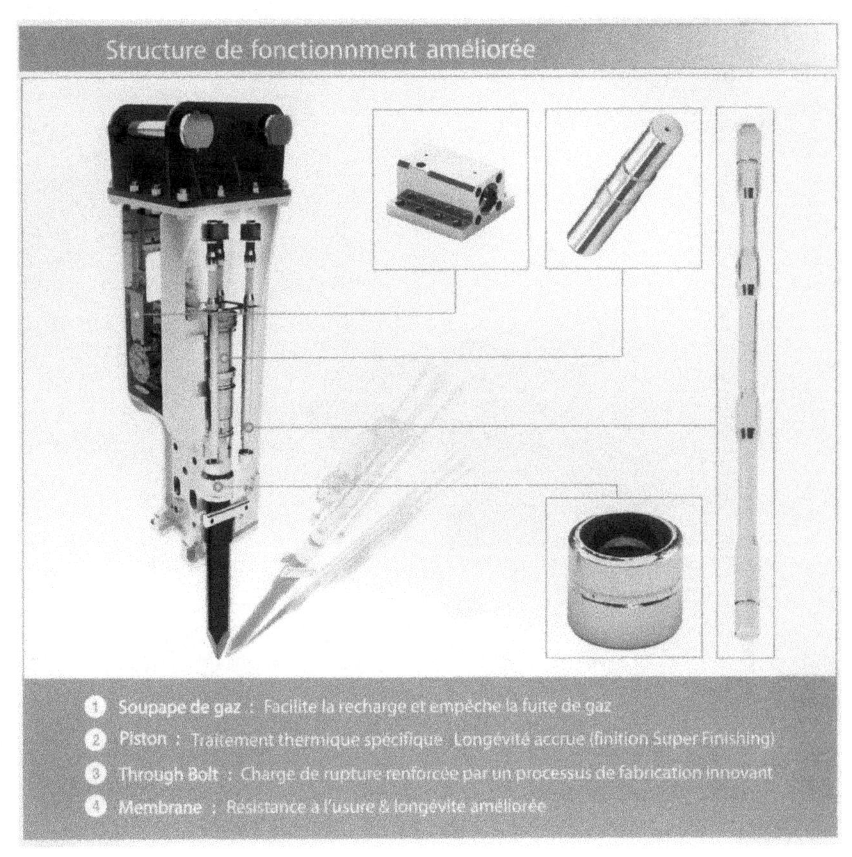

Figure 2.2 : Brise roche hydraulique

Figure 2.3 : Pince à béton

Boulet ou « drop ball »

On peut également classer le boulet, ou « drop ball », dans la catégorie des procédés de démolition utilisant la percussion. Il s'agit d'une masse sphérique de 50 à 200 kg, en acier ou en fonte, suspendue à un appareil de levage, le plus souvent une grue « treillis » (l'utilisation des grues à tour est déconseillée afin de ne pas compromettre leur stabilité).

Deux câbles sont fixés en des points différents de la sphère :
- un câble principal ;
- un câble de rappel permettant de récupérer le boulet en cas de rupture du câble principal.
- Les chocs s'appliquent de deux façons différentes :
- La masse tombe verticalement d'une certaine hauteur sur la partie d'ouvrage à démolir (dalles, planchers, poutres) ;
- L'appareil de levage imprime à la boule un mouvement pendulaire. Elle vient alors percuter la partie de construction à abattre.

Cette méthode ne peut être utilisée que sur des chantiers présentant une aire de travail suffisamment dégagée. De plus, il est nécessaire de minorer la charge de sécurité de l'appareil de levage de 50 %.

Enfin, c'est un procédé qui entraîne des nuisances :
- vibrations provoquées par les chocs ;
- poussière.

Procédés agissant par traction de câble

Lorsque la démolition d'un ouvrage doit être exécutée sans provoquer de vibrations et si la place dont on dispose le permet, il est possible de procéder à l'abattage par traction de câble.

Ce procédé consiste à fixer un câble, relié à un « bulldozer », sur une partie de la construction à démolir puis à exercer une traction sur ce câble.

Si on veut localiser l'endroit de la rupture, il est possible de réaliser une saignée sur la base de l'ouvrage (figure 2.4).

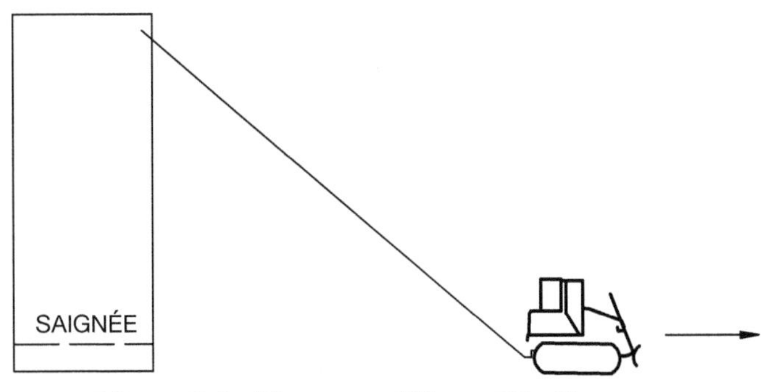

Figure 2.4 : Tirage au câble en tête d'ouvrage

Dans le cas d'une cheminée de faible hauteur, on exécute à la base trois ouvertures qui déterminent trois pieds, dont l'un est situé dans l'axe de chute.

Deux câbles fixés au bulldozer sont reliés :
- l'un en tête d'ouvrage ;
- l'autre destiné à cisailler le pied situé dans l'axe de chute (figure 2.5).

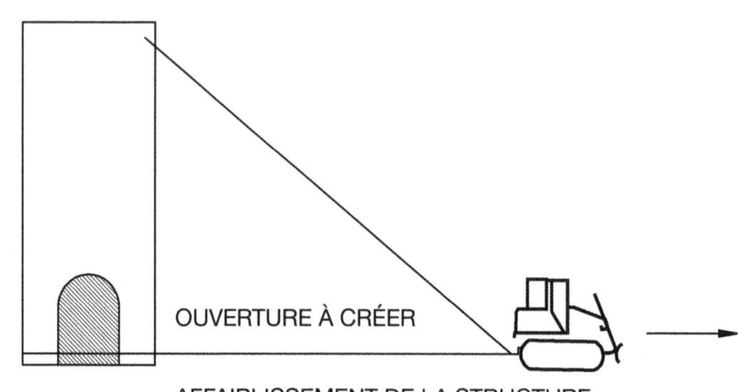

Figure 2.5 : Tirage au câble en tête et en pied d'ouvrage

Les procédés agissant par traction de câble sont rapides et économiques. Ils présentent cependant certains dangers :
- risques de ruine prématurée ;
- risques dus à la rupture du câble ;
- risque de pivotement de l'ouvrage.

Risques de ruine prématurée

La réalisation d'une saignée ou d'une ouverture dans la structure porteuse d'un ouvrage à démolir provoque des affaiblissements de cette dernière. Bien sûr, il est toujours possible d'étayer mais, dans le cas de cheminées par exemple, les risques dus au vent sont importants.

Risques dus à la rupture d'un câble

Compte tenu des efforts qui entrent en jeu, la menace de rupture d'un câble ne peut être écartée. Son fouettement constitue ainsi le risque principal.

À titre de prévention, il est nécessaire de matérialiser, dans l'emprise du chantier, une zone dite « zone de fouettement » qui sera neutralisée pendant toute la durée de l'opération.

Risque de pivotement de l'ouvrage

Considérons un ouvrage reposant sur 4 appuis, tels certains châteaux d'eau ou réservoirs.

Dans le cas où la traction ne s'effectue pas dans l'axe de l'ouvrage, un des appuis peut céder prématurément et déséquilibrer l'ouvrage à la suite d'une distribution imprévue des charges.

Les procédés agissant par traction de câble manquent donc de précision ; si ce critère est déterminant, il convient de choisir une autre technique.

Procédé de découpage par perçage ou par sciage avec des outils diamantés

Dans le cas où il est nécessaire de sectionner une partie de l'ouvrage ou de créer des passages dans les éléments de béton, on a recours à un procédé plus précis : le découpage par perçage ou par sciage avec des outils diamantés.

Ce procédé, comme son nom l'indique, met en œuvre des outils diamantés.

Ces outils sont constitués de grains ou de particules de diamants fixés dans un liant, soit d'origine métallique, soit en bakélite, soit encore en céramique.

La gamme de matériel est étendue :

- Pour le perçage, elle va du simple foret à la couronne de forage de 60 cm de diamètre. Cette technique est utilisable pour découper des éléments de 5 à 65 cm d'épaisseur.
- Pour le sciage, le diamètre des disques varie de 20 à 120 cm. Ils permettent de découper des épaisseurs de béton allant jusqu'à 40 cm.

Ces outils sont soit manuels soit montés sur un berceau.

Il existe un autre procédé utilisé dans le cas de découpe de gros blocs ou d'ouvrages immergés : la découpe par câble diamanté.

Le câble diamanté, tel que représenté à la figure 2.6, comporte une série de colliers munis de perles diamantées.

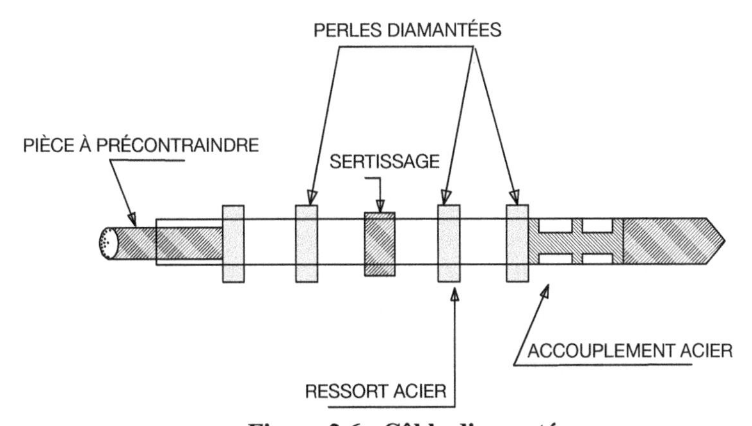

Figure 2.6 : Câble diamanté

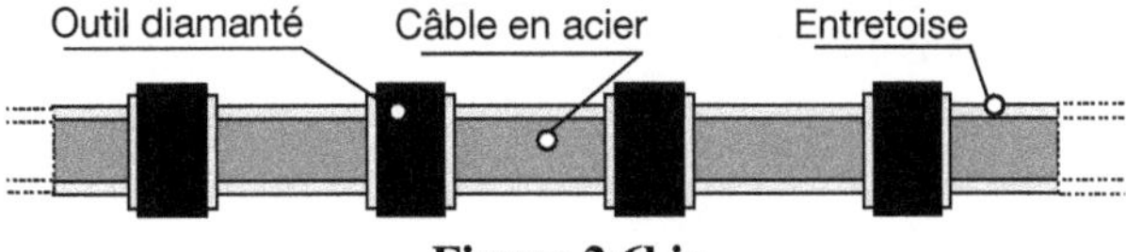

Figure 2.6bis

La mise en œuvre se fait à partir d'une roue motrice actionnée par un moteur de 25 CV. La figure 2.7 montre le principe de fonctionnement de l'ensemble dans la découpe d'un bloc.

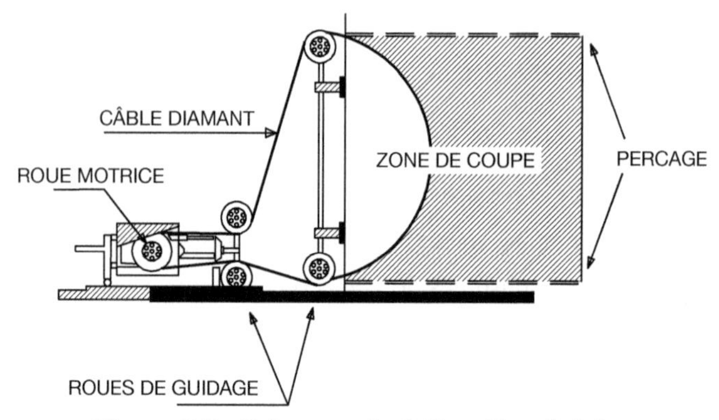

Figure 2.7 : Sciage vertical d'un bloc de béton

Avantages et inconvénients

Les principaux avantages résident dans :
- la précision du travail ;
- l'absence de chocs et de vibrations ;
- la sécurité de mise en œuvre.

Les principaux inconvénients sont les suivants :
- coût élevé du matériel ;
- nécessité d'utiliser du personnel expérimenté ;
- niveau sonore élevé (60 à 110 dB à 7 m) ;
- en cas de travail dans un bâtiment partiellement occupé, l'évacuation de l'eau de refroidissement grève le coût des travaux.

Procédés fondés sur la dislocation

Pour réaliser, sur un ouvrage, une démolition partielle ne demandant pas une grande précision, on peut avoir recours aux procédés fondés sur la dislocation.

Le principe de cette technique est celui du coin. Elle ne convient donc que pour des matériaux durs et fragiles. Deux procédés sont couramment utilisés :
- le procédé Roc Jack ;
- le procédé Darda.

Le principe général des éclateurs est d'introduire de fortes contraintes de traction au sein du matériau, entraînant ainsi sa rupture et donc une fissuration plus ou moins contrôlée.

Procédé Roc Jack

Des vérins, alimentés par une pompe hydraulique, sont disposés sur toute la longueur de l'outil. Ils provoquent l'écartement entre le corps principal de l'éclateur et la cale (figure 2.8).

Les efforts exercés vont de 700 à 1 400 kN suivant les modèles.

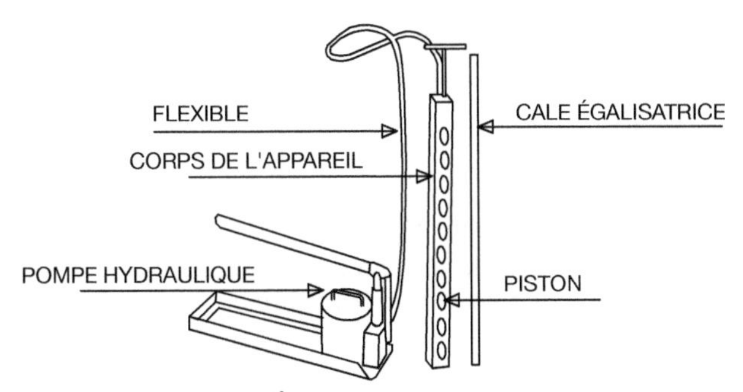

Figure 2.8 : Écarteur hydraulique Roc Jack

Le mode opératoire est le suivant :

1. On perce un trou vertical d'un diamètre de 85 à 90 cm dans le bloc à disloquer.
2. On y introduit les deux parties du ROC JACK, pistons rentrés.
3. Au moyen d'une pompe hydraulique, on déplace les pistons d'environ 3 mm (figure 2.8), créant ainsi l'écartement entre le corps de l'outil et la cale.

La fracture se fait alors sous une poussée qui peut atteindre 1 750 kN.

Procédé Darda

L'éclateur Darda est un procédé qui utilise le même principe, mais, à la différence du Roc Jack, il n'utilise qu'un seul piston.

Son fonctionnement est le suivant :

Le coin central se déplace sous l'action d'un vérin hydraulique entre deux coquilles métalliques, ce qui provoque leur écartement (figure 2.9).

La force d'éclatement est de 2 500 kN environ.

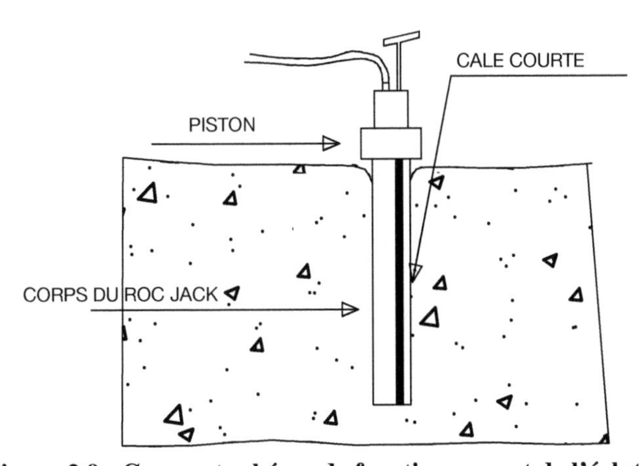

Figure 2.9 : Coupe et schéma de fonctionnement de l'éclateur Darda

Avantages et inconvénients

Les principaux avantages de ce procédé résident dans :
- l'économie ;
- la rapidité d'emploi ;
- la maniabilité ;
- la suppression des nuisances dues à la poussière, aux vibrations et aux projections.

Les inconvénients sont dus à la précision exigée pour le perçage et à l'utilisation pratiquement impossible dans le béton armé.

Procédés utilisant l'explosif, l'onde de choc ou l'expansion

L'utilisation des procédés mécaniques conduit à une destruction progressive de l'ouvrage à démolir. Il est possible d'obtenir un résultat plus rapide en faisant appel aux procédés utilisant l'explosif, l'onde de choc ou l'expansion.

Destruction au moyen d'explosifs

Conçus à l'origine à des fins militaires, les explosifs ont été progressivement utilisés dans les travaux publics.

Dès la fin de la Première Guerre mondiale, leur usage s'est généralisé dans l'exploitation des carrières. Leur emploi étant de mieux en mieux maîtrisé, ils ont fini par être utilisés dans la démolition de constructions.

Actuellement, l'utilisation des explosifs est une technique qui permet de briser la structure sous forme de gravois facilement transportables tout en maîtrisant les projections et les effets sismiques nuisibles à l'environnement.

Cette technique s'appuyant sur une matière spécifique, l'explosif, sa maîtrise passe par la connaissance du produit, à savoir :
- le principe de fonctionnement ;
- les différentes catégories disponibles sur le marché ;
- le matériel ;
- la mise en œuvre ;
- les avantages et les inconvénients.

Principe de fonctionnement

Le décret du 27 mars 1987 concernant l'application de la nouvelle réglementation pour l'emploi des explosifs donne la définition suivante :

L'explosif est un corps ou un mélange de corps susceptible de se décomposer très rapidement en libérant brutalement une grande quantité d'énergie.

Suivant la durée de cette décomposition, il a été établi un classement des explosifs.

Différentes catégories d'explosifs

On distingue deux grandes catégories :
- les explosifs déflagrants ;
- les explosifs détonants.

Les explosifs déflagrants

Les explosifs déflagrants possèdent une vitesse de décomposition ne dépassant pas 1 000 m/s. Les effets d'une déflagration sont assimilables à une poussée.

Les explosifs déflagrants entrent dans la catégorie des explosifs nitratés. Ils utilisent en général le nitrate d'ammoniaque comme constituant principal.

Le plus connu de ces explosifs est la poudre noire. Il s'agit d'un mélange de salpêtre (nitrate de potasse), de soufre et de charbon de bois.

L'usage de ces explosifs est interdit dans les travaux publics.

Les explosifs détonants

Les explosifs détonants possèdent une vitesse de décomposition plus élevée que les précédents (1 500 à 8 000 m/s). Les effets d'une détonation sont assimilables à ceux d'un choc.

Les plus connus de ces explosifs sont les dynamites.

Les explosifs détonants entrent dans la catégorie des explosifs nitrés. Ils se présentent sous la forme de poudres ou de pâtes (les plastiques), toutes deux à base de nitroglycérine.

Quelle que soit la catégorie dans laquelle ils entrent, les explosifs possèdent chacun leurs caractéristiques propres :
- la puissance ;
- la brisance ;
- la vitesse de détonation ;
- la sensibilité ;
- la résistance à l'humidité ;
- la sensibilité à la température.

Puissance

Elle exprime le travail utile effectué par l'explosif. Ce travail est fonction :
- du volume de gaz dégagé ;
- de sa température.

La puissance s'exprime par rapport à l'explosif de référence : l'acide picrique. La puissance varie entre 1,3 et 1,8 pour les dynamites.

Brisance

Elle exprime le pouvoir brisant. La brisance est fonction de :
- la pression maximale de gaz ;
- la vitesse avec laquelle cette pression s'établit.
- La brisance s'exprime par rapport à l'explosif de référence : l'acide picrique. La brisance varie entre 0,6 et 1 pour les dynamites.

Vitesse de détonation

Elle exprime la vitesse de propagation de l'onde explosive dans la masse de l'explosif. La vitesse de détonation est fonction de :
- la nature de l'explosif ;
- l'homogénéité des éléments constitutifs ;
- l'amorçage.

Sensibilité

On distingue :

- la sensibilité à l'amorçage ;
- la sensibilité aux chocs ;
- le coefficient de self excitation.

Sensibilité à l'amorçage

Tous les explosifs actuels sont sensibles à 2 grammes de fulminate de mercure.

Sensibilité au choc

Elle est donnée par la plus grande hauteur que l'on peut donner à un poids standardisé pour provoquer l'explosion. Pour les dynamites, la sensibilité varie entre 14 et 60 N.m.

Coefficient de self excitation

Il est donné par la distance maximale pour laquelle une cartouche est susceptible d'en faire exploser une autre du même type. Pour les dynamites, le coefficient de self excitation varie entre 4 et 10 cm.

Résistance à l'humidité

La nitroglycérine est insoluble dans l'eau. Par contre, les autres constituants des explosifs sont sensibles à l'humidité.

Sensibilité à la température

La nitroglycérine est sensible au gel. Dans le cas où la température d'utilisation peut atteindre – 20 °C, on peut utiliser un mélange : nitroglycérine/nitroglycol.

Quel que soit l'explosif utilisé, sa mise en œuvre passe par l'exécution d'une chaîne pyrotechnique.

Matériel spécifique

La chaîne pyrotechnique comprend :

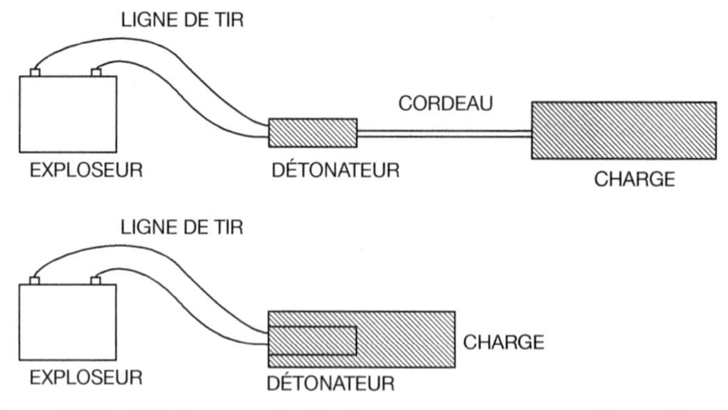

Figure 2.10 : Chaîne pyrotechnique avec ou sans cordeau détonant

- la charge d'explosif ;
- le dispositif d'amorçage ;
- le dispositif de mise à feu.

Charge d'explosif

Elle se présente sous différentes formes suivant la nature des produits :
- Cartouches : dynamites, explosifs nitratés ;
- Granulés : nitrates fioul ;
- Bouillie ou gel : certaines dynamites.

Dispositif d'amorçage

C'est lui qui va créer l'onde de choc initiale. Il existe deux types de détonateurs :
- le détonateur à mèche ;
- le détonateur électrique.

Détonateur à mèche

Il est constitué d'un tube en aluminium fermé à l'une des extrémités, séparé en deux par un opercule destiné à laisser passer les étincelles de la mèche.

La partie fermée du détonateur comprend :
- une charge explosive (penthrite) ;
- une charge d'amorçage.

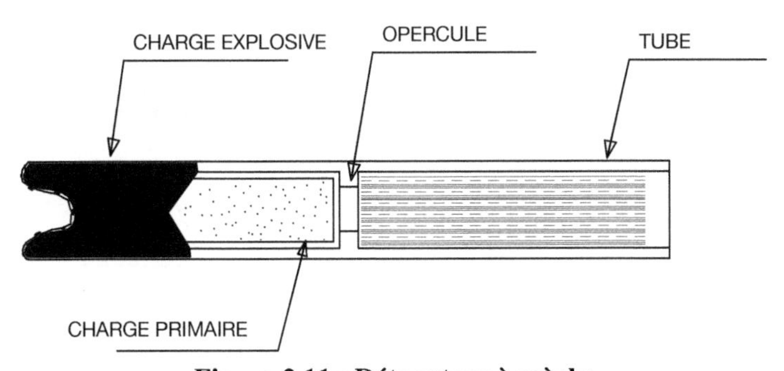

Figure 2.11 : Détonateur à mèche

Détonateur électrique

Il est constitué d'un tube fermé aux deux extrémités. Comme le détonateur à mèche, il est constitué :
- d'une charge explosive ;
- d'une charge d'amorçage.

À la différence du détonateur à mèche, la mise à feu s'opère au moyen d'un filament noyé dans la poudre d'allumage (figure 2.12).

Les détonateurs à retard comprennent les mêmes éléments que les détonateurs électriques.

Le retard est obtenu en intercalant une poudre retardatrice entre la poudre d'allumage et l'explosif d'amorçage.

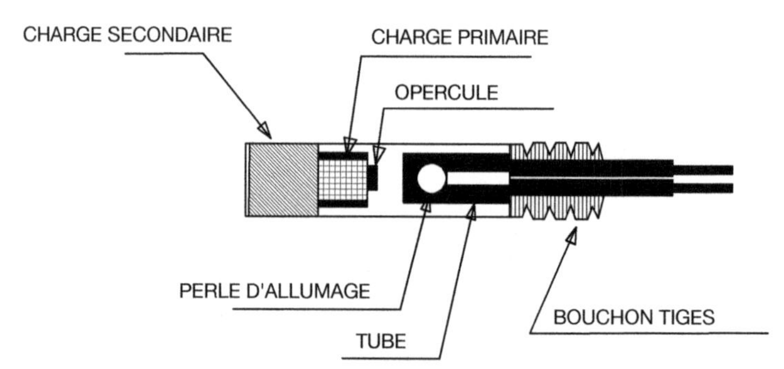

Figure 2.12 : Détonateur électrique

Note

Lorsque l'on tire une volée de mines, il est intéressant d'échelonner les explosions, pour diminuer les vibrations d'une part et obtenir une meilleure décomposition de la démolition d'autre part.

Dans ce cas-là, on utilise des détonateurs « à retard » (figure 2.13).

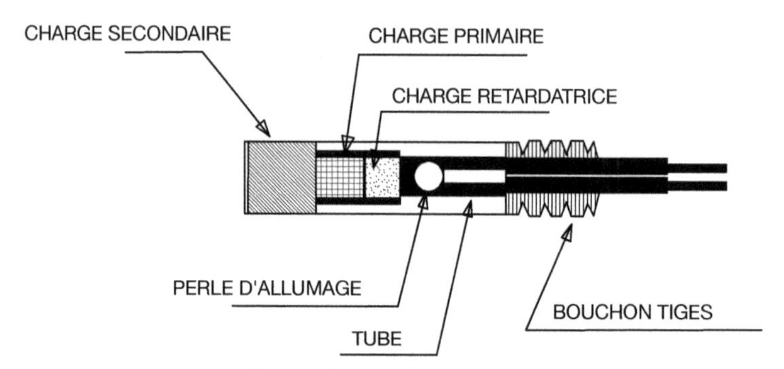

Figure 2.13 : Détonateur à retard

Il existe deux séries de détonateurs à retard :

- **Les détonateurs à retard « ordinaires »**, pour lesquels le décalage entre deux numéros est de 1/2 seconde. Ils sont numérotés de 0 (instantanés) à 12, soit de 0 à 6 secondes.
- **Les détonateurs « micro retard »**, pour lesquels le décalage entre deux numéros est de 25/100 de seconde. Ils sont numérotés de 1 à 20, soit de 0 à 0,5 seconde.

Suivant l'intensité nécessaire pour les enflammer, on distingue les détonateurs :

- basse intensité (0,35 A)
- moyenne intensité (1,00 A)
- haute intensité (7,00 A)

Parmi les dispositifs d'amorçage, on peut classer le cordeau détonnant qui relie plusieurs charges.

Entre deux charges, il est possible de fixer un « relais de détonation », qui arrête la propagation de l'onde de choc sur des durées pouvant aller de 5/1 000 à 25/1 000 de seconde.

Dispositif de mise à feu

À l'origine de la chaîne pyrotechnique se trouve le dispositif de mise à feu.

On distingue :
- la mise à feu au moyen d'une mèche ;
- la mise à feu électrique.

Mise à feu au moyen d'une mèche

Il s'agit d'enflammer un cordon de poudre entouré de plusieurs coudes de jute (figure 2.14).

La combustion de la mèche se fait à une vitesse déterminée : 1 m en 90 secondes (±8 secondes).

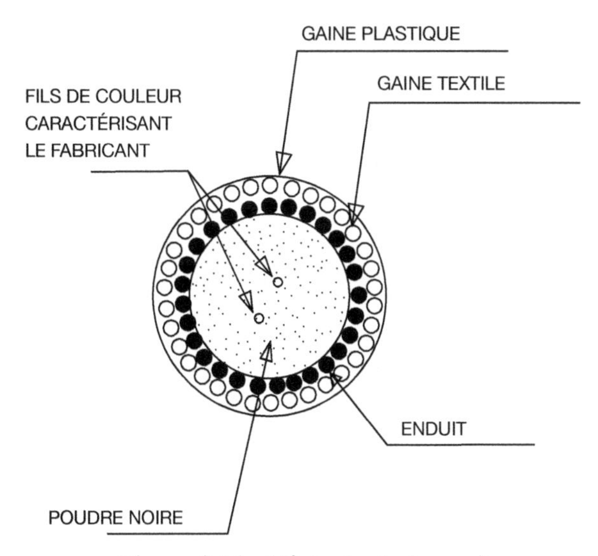

Figure 2.14 : Mèche lente (coupe)

Mise à feu électrique

Elle se fait exclusivement avec un exploseur, à l'exclusion des batteries de piles. En effet, ne connaissant pas avec précision l'état de charge de ces dernières, il y aurait des risques de « ratés ».

Les exploseurs modernes sont des exploseurs à condensateur. Voici à titre d'exemple les caractéristiques d'un exploseur séquentiel communiquées par la société Nobel :
- tension nominale : 450 V
- nombre de circuits : 10
- énergie électrique par circuit : 79 joules

- possibilité de tir pour chacun des circuits
- détonateur basse intensité 0,65 A
- détonateur moyenne intensité 1,70 A
- détonateur haute intensité 13,00 A

La chaîne pyrotechnique permet la mise en œuvre des explosifs suivant différentes techniques.

Mise en œuvre

Lorsqu'il est utilisé dans la démolition d'un ouvrage, l'explosif peut être mis en œuvre de différentes façons :
- en charges appliquées ;
- en charges d'ébranlement ;
- en charges creuses ;
- en tir sous pression d'eau.

Démolition à l'aide de charges appliquées

Comme son nom l'indique, cette méthode consiste à appliquer, sur une face de la partie d'ouvrage à démolir, une ou plusieurs charges que l'on recouvre généralement d'argile (figure 2.15).

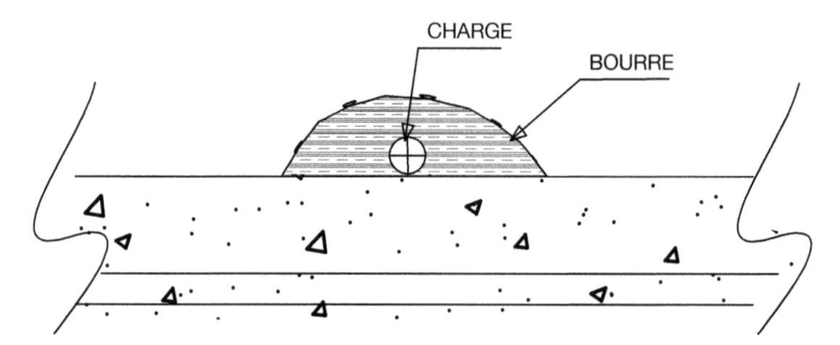

Figure 2.15 : Charge appliquée sur un plancher

L'onde de choc conduit à la destruction. En conséquence, le rendement est assez faible.

Le graphique de la figure 2.16 fait apparaître la consommation d'explosif dans le cas d'une charge appliquée.

Il s'agit là d'un procédé de moins en moins utilisé, car il entraîne d'importantes nuisances sonores. Certains maîtres d'ouvrage, tels que Électricité de France, l'interdisent dans leurs démolitions.

Démolition à l'aide de charges d'ébranlement

Dans ce type de mise en œuvre, l'explosif est placé à l'intérieur de la construction à démolir. Celle-ci est rendue franche par l'obturation des ouvertures puis on remplit l'ouvrage d'eau. L'augmentation subite du volume gazeux dans un milieu incompressible entraîne la transmission de très fortes pressions de manière uniforme sur les parois.

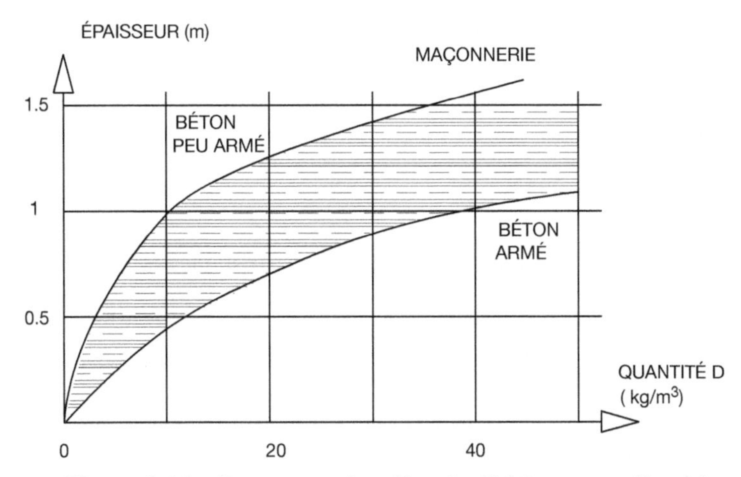

Figure 2.16 : Consommation d'explosif (charge appliquée)

Ce procédé est utilisé avec succès pour démolir les blockhaus, qui présentent l'avantage de posséder de petites ouvertures. Un seul inconvénient : l'explosion provoque la rupture de gros éléments aux points faibles, sans qu'il y ait fragmentation.

Démolition à l'aide de charges creuses

Les charges creuses ont été, à l'origine, utilisées pour percer le blindage des chars. Ce procédé est utilisé à titre ponctuel, pour créer des points faibles dans un ouvrage destiné à être démoli.

Le principe est le suivant :
L'explosif est moulé entre une enveloppe extérieure et une coupelle métallique (figures 2.17 et 2.18). Sous la détonation, le sommet de la coupelle agit comme un projectile qui refoule de proche en proche les parties voisines. Le métal se concentre ainsi en un dard effilé doté d'une vitesse supérieure à celle de la détonation, et pouvant atteindre 10 000 m/s.

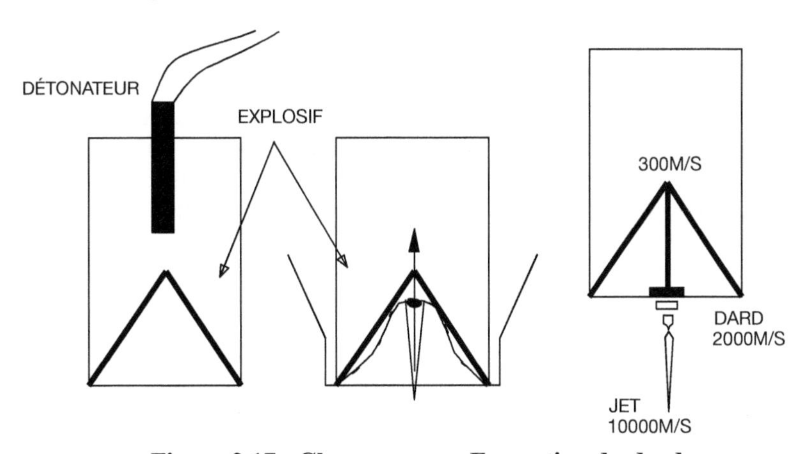

Figure 2.17 : Charge creuse. Formation du dard

Démolition à l'aide de charges encastrées

C'est la méthode la plus utilisée du fait de son efficacité et de son rendement. Elle demande un temps de préparation important et s'articule en trois phases successives :

1. la foration ;
2. le chargement ;
3. le tir.

Chaque charge est identifiée par les caractéristiques suivantes :

- repérage ;
- longueur de la foration ;
- caractéristique d'amorçage ;
- poids d'explosif.

Cette méthode est nettement plus performante que la méthode des charges appliquées.

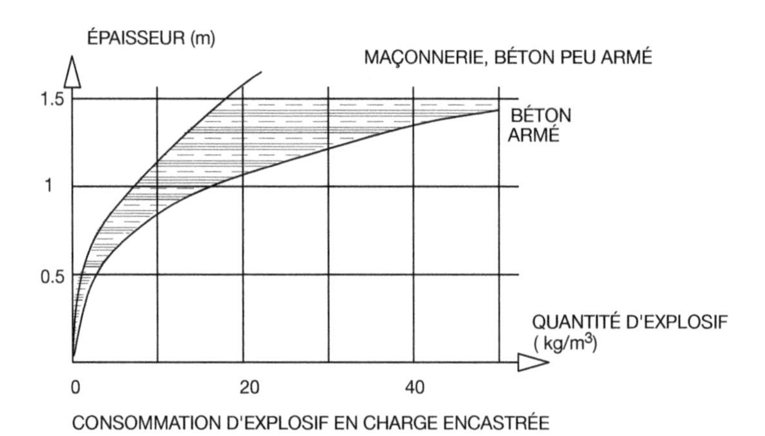

Figure 2.18 : Consommation d'explosif (charge encastrée)

Tir sous pression d'eau

Ce procédé consiste à forer des trous de mine de 45 m de diamètre sur une profondeur de 1,50 à 4 m, suivant un maillage de 40 à 60 cm. L'explosif est mis en place comme dans le cas d'une charge encastrée. Le bourrage se fait grâce à un bouchon pneumatique comportant une canule d'injection.

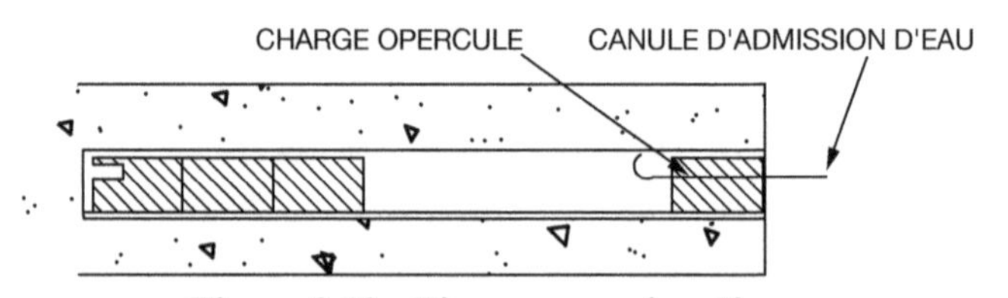

Figure 2.19 : Tir sous pression d'eau

De l'eau est envoyée par un surpresseur à l'intérieur de la cavité. La pression monte à 4,5 MPa en moins d'une minute. La pression doit être constante. La mise à feu de la cartouche est commandée électriquement. La déflagration ayant lieu dans l'eau, la fraction d'énergie transformée en onde de choc est plus élevée que lorsque la détonation a lieu dans l'air.

Ce procédé permet un tir sans bruit, sans ébranlement et sans projections. Il est particulièrement adapté aux interventions en centre-ville.

Avantages et inconvénients liés à l'explosif

Les avantages de la démolition par explosif sont essentiellement :
- l'économie ;
- la rapidité ;
- l'efficacité.

Les inconvénients sont assez nombreux. Il faut mentionner en particulier :
- la poussière ;
- les projections de matériaux ;
- les nuisances vibratoires.

La poussière

C'est un élément difficilement maîtrisable. La seule parade possible consiste à arroser le nuage de poussière pour accélérer sa précipitation.

Les projections de matériaux

Il est possible de limiter le risque de projections de matériaux en obturant les ouvertures avec de la paille et du treillis soudé puis en enveloppant les étages minés de géotextiles tels que Bidim ou Dynastat.

Les nuisances vibratoires

Une démolition à l'explosif implique :
- une surpression aérienne due à l'explosion dans l'air ;
- une onde de vibration due à la détonation d'une charge confinée.

Surpression aérienne :

Elle peut atteindre plusieurs kPa au contact de l'explosif mais elle s'amortit très vite avec la distance à la charge, suivant la loi suivante :

$P_s = 30d^{-1/2}/Q^{-1/3}$

avec : P_s en kPa
Q la masse d'explosif (en kg)
d la distance (en m)

À titre indicatif, la surpression aérienne peut entraîner des problèmes pour les constructions environnantes :
- à 14 kPa toutes les vitres se brisent ;
- à 5 kPa les vitres mal montées se brisent ;
- à 1 kPa les panneaux vitrés précontraints ou mal montés se brisent ;
- à 0,2 kPa les vitres et les assiettes vibrent.

Onde de vibration due à la détonation d'une charge confinée :

Cette onde est due à l'onde de choc non utilisée. Le niveau de vibration est exprimé par la vitesse particulaire. Il est lié au poids d'explosif par charge unitaire suivant la loi suivante :

$$V = k\,[d/Q^{1/2}]^{-1,8}$$

avec V vitesse particulaire (en mm/s)
k constante de site
d distance par rapport à la charge (en m)
Q masse d'explosif unitaire (en kg)

Ces estimations permettent de faire des prévisions sur les dommages éventuels occasionnés aux bâtiments situés dans l'environnement du tir.

Le tableau ci-après indique les seuils à ne pas dépasser :

Type de bâtiment	Valeur seuil
Bâtiments d'habitation, de bureaux ou analogues construits selon les règles usuelles	8 mm/s
Bâtiments rigides, avec parties lourdes et ossatures rendues rigides en bon état de conservation	30 mm/s
Autres bâtiments et constructions classées monuments historiques	4 mm/s

Dans la phase « étude », la prévision de ces phénomènes (surpression aérienne et vitesse particulaire) est réalisée à partir du plan de tir.

Il est à noter que d'après les expressions de P_S et V précédentes, on peut diminuer les nuisances vibratoires en modulant la charge unitaire d'explosif.

Périmètre de sécurité

Pour des raisons de sécurité, compte tenu des risques liés à l'explosif, à l'occasion de chaque tir est mis en place un périmètre de sécurité.

Bien que, comme cela vient d'être évoqué, il soit possible de prévoir les nuisances dues à l'utilisation de l'explosif dans une démolition, des risques de projections subsistent toujours.

Ces projections ne sont pas consécutives au départ des charges. En effet, toutes les parties minées sont recouvertes de treillis soudés, de portes de récupération, de bottes de paille, le tout enveloppé dans un géotextile.

Par contre, la rupture de parties d'ouvrage en béton sont susceptibles, par compression, de projeter des granulats jusqu'à une distance de 20 m environ.

C'est pour pallier les risques engendrés par ces projections qu'il est établi un périmètre de sécurité de 200 m environ à partir du bâtiment objet du tir.

L'établissement de ce périmètre de sécurité est soumis à la préfecture.

La préparation de l'organisation du tir donne lieu à plusieurs réunions préparatoires en préfecture.

Les intervenants le jour du tir sont :

- le directeur du tir ;
- la gendarmerie ou la police, suivant leur territorialité ;
- les services de secours.

Le jour du tir, tous les occupants résidant dans les immeubles à l'intérieur du périmètre de sécurité sont évacués. Les personnes malades sont déplacées en milieu hospitalier. Les forces de l'ordre s'assurent de l'évacuation ; les habitants qui refusent sont astreints à demeurer à l'intérieur après avoir signé une décharge de responsabilité.

Les logements sont placés sous la garde des forces de l'ordre.

À l'issue du tir, sous les ordres du directeur de tir, il est procédé à des mesures atmosphériques dans le but de détecter des produits dangereux. Après s'être assuré que le bâtiment effondré ne présente pas de risque, le directeur de tir indique aux forces de l'ordre que le périmètre de sécurité peut être levé.

Ces dispositions sont contraignantes, mais elles constituent le prix à payer pour la sécurité des personnes.

L'usage d'explosif reste néanmoins restreint, notamment parce qu'il ne peut pas être utilisé en milieu sensible.

Procédé Cardox

Le procédé Cardox est un mode de fragmentation de roche ou de béton armé qui met en œuvre la détente de gaz ; ce n'est pas un système explosif. Il est donc plus indiqué que les explosifs en milieu sensible.

Principe de fonctionnement

Le procédé Cardox agit au moyen de la détente brusque, au fond d'un trou de mine, d'anhydride carbonique fortement comprimé.

Matériel utilisé

La cartouche de Cardox est composée de trois parties (figure 2.20) :

- la tête d'allumage ;
- le corps de tube ;
- la tête de tir.

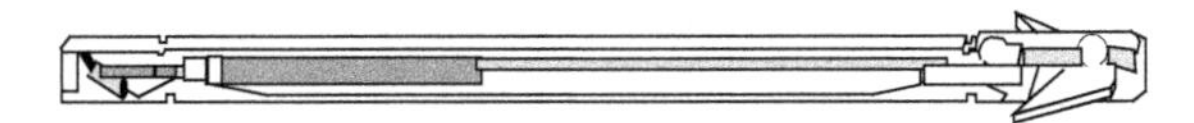

Figure 2.20 : Cartouche Cardox

Les deux têtes sont raccordées par vissage aux extrémités du tube.

Avant la mise en œuvre de la cartouche, cette enveloppe est maintenue fermée par une membrane d'acier (disque de rupture) dont la résistance mécanique est inférieure à celle des parois. Elle contient une composition chauffante et du gaz carbonique liquéfié.

La combustion de la composition chauffante à l'intérieur de la cartouche est provoquée par une mise à feu électrique. Cette combustion a pour effet de porter le gaz carbonique à une pression suffisante pour briser le disque de rupture et se répandre dans le trou de mine (temps d'action : 20 à 40 ms).

Avantages et inconvénients

Les principaux avantages du procédé Cardox sont les suivants :
- sécurité d'utilisation ;
- aucun risque d'explosion due au choc ;
- pas de vibration ;
- économie.
- Cependant, ce procédé présente des inconvénients :
- rayon d'action réduit (0,50 à 0,80 m) ;
- procédé bruyant ;
- démolition non contrôlable.

Ce procédé permet la destruction de gros massifs lorsque l'explosif ne peut être utilisé.

Ciments expansifs

Moins bruyante que le procédé Cardox mais agissant sur une plus longue durée, l'utilisation des ciments expansifs peut être une réponse à la démolition des gros massifs.

Ce procédé consiste à produire une pression grâce à l'expansion de matériaux à base de chaux vive.

L'opération demande la foration de trous de mine de 35 à 80 mm de diamètre. La chaux hydratée est versée dans le trou.

La pression développée atteint environ 30 MPa après 72 heures. Pour accélérer le phénomène, on peut insérer dans le trou de mine une résistance chauffante.

Ce procédé est silencieux, mais la durée de l'opération est beaucoup plus longue que pour le procédé Cardox. Les effets mécaniques sont les mêmes.

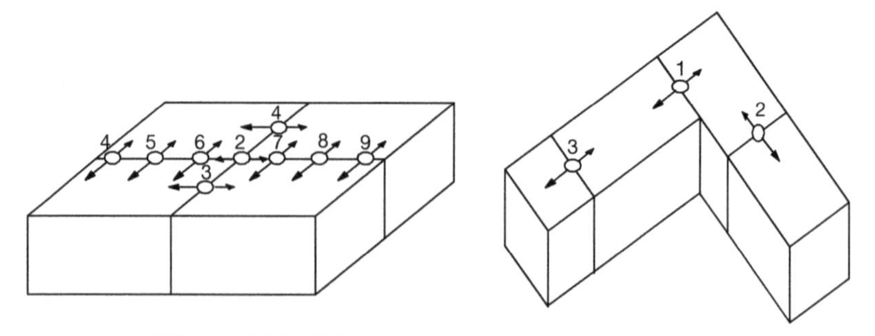

Figure 2.21 : Mise en œuvre du ciment expansif

En complément des procédés mécaniques ou des procédés faisant appel à l'explosif, la démolition d'un ouvrage peut faire appel à des procédés utilisant la chaleur. Il s'agit des procédés thermiques.

Procédés thermiques

Utilisées exclusivement, il y a quelques années encore, pour le découpage des ferrailles, les techniques énergétiques ont évolué et des procédés thermiques peuvent maintenant être utilisés pour la découpe du béton.

Actuellement, les procédés couramment utilisés sont les suivants :
- la découpe au moyen de chalumeaux oxyacétyléniques ;
- la découpe au moyen de chalumeaux à poudre ;
- le forage thermique à l'oxygène.

La découpe au moyen de chalumeaux oxyacétyléniques

C'est le procédé le plus employé sur les chantiers de démolition, dans le cas de découpe de ferraille. Il utilise un mélange d'oxygène et d'acétylène dont la combustion assure une température suffisante pour faire fondre le métal. Son emploi est limité aux métaux ferreux. C'est un procédé simple qui ne provoque ni bruit important ni vibration.

Son emploi est cependant limité à la découpe d'éléments de charpentes métalliques et aux armatures de béton armé lorsqu'elles sont suffisamment dégagées.

La découpe au moyen de chalumeaux à poudre

Le chalumeau oxyacétylénique utilise uniquement de la chaleur. En rendant possible l'introduction de particules de métal, cette technique a donné naissance au chalumeau à poudre.

Principe de fonctionnement

La finalité de ce procédé est de faire fondre le matériau. Son principe est le suivant :

De fines particules (granulométrie comprise entre 0,05 et 0,15 mm) d'un mélange de fer et d'aluminium (85 % Al, 15 % Fe) sont projetées à proximité du dard de chauffe.

Ces particules viennent brûler à la périphérie du jet d'oxygène en élevant très fortement la température de ce dernier. L'oxydation d'un kilogramme d'aluminium produit 30 000 kJ alors que la combustion d'un kilogramme de fer ne produit que 7 200 J environ.

La poudre métallique joue un triple rôle :
- thermique ;
- chimique ;
- cinétique.

Rôle thermique

Sa combustion élève la température du jet d'oxygène (4 000 à 5 000 °C), ce qui facilite l'oxydation des composants du matériau à découper.

Rôle chimique

Elle apporte des oxydes réfractaires qui jouent un rôle de fondant ; ces oxydes abaissent la fusion du béton à 1 700 °C alors qu'elle se situe normalement aux environs de 3 000 °C.

Rôle cinétique

Les particules projetées nettoyant la saignée agissent comme du sable.

Matériel utilisé

L'appareillage comprend :
- le chalumeau pulvérisateur ;
- les organes d'alimentation et de stockage de la poudre ;
- le combustible (oxygène et acétylène).

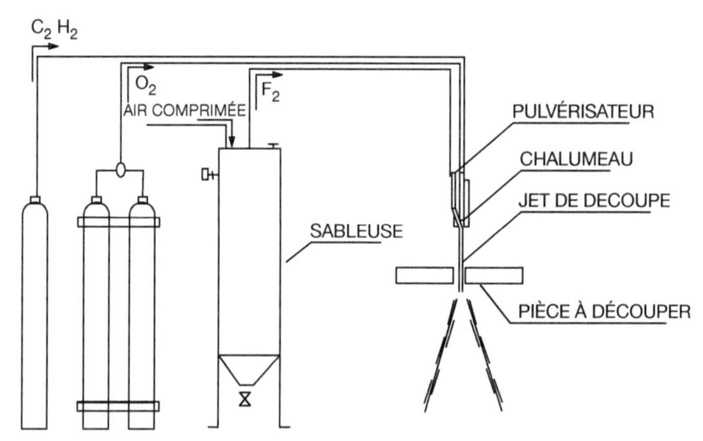

Figure 2.22 : Principe de découpe au chalumeau à poudre

Ce procédé convient particulièrement bien à la découpe des pièces métalliques de section importante et à celle du béton, qu'il soit armé ou non.

Avantages et inconvénients

Compte tenu de la température élevée, il est nécessaire de protéger le personnel et l'environnement des étincelles et, dans le cas de découpe de béton, de l'écoulement du laitier dont la température est de l'ordre de 1 900 °C.

Forage thermique à l'oxygène

Fondé sur la combinaison des actions de gaz et de métal, le forage thermique à l'oxygène s'apparente au chalumeau à poudre. À l'origine, ce procédé était utilisé dans les fonderies pour déboucher les trous de coulée. Peu à peu, son usage s'est étendu à la démolition du béton.

Principe de fonctionnement

La découpe du béton par ce procédé s'effectue par forages successifs. Il est possible d'exécuter soit des trous tangents soit des trous espacés dans le cas de dislocation intérieure.

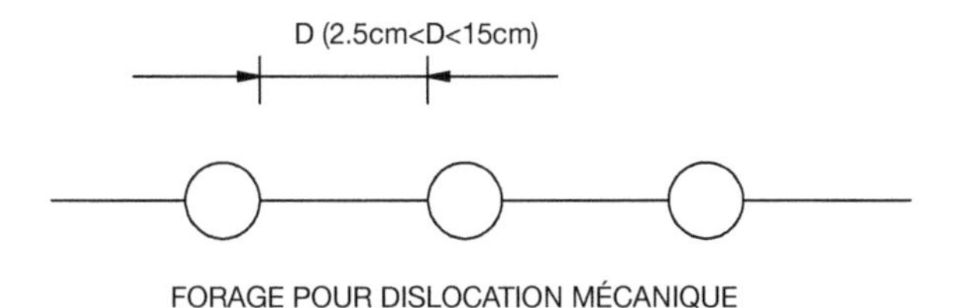

Figure 2.23 : Découpe d'une paroi

Le forage est obtenu en appliquant, contre l'ouvrage à découper, l'extrémité portée au rouge d'une gaine métallique à l'intérieur de laquelle est injecté de l'oxygène.

En effet, la lance à oxygène exerce une triple action :
- action thermique ;
- action chimique ;
- action cinétique.

Action thermique

Elle est identique à celle du chalumeau à poudre, c'est-à-dire l'élévation de la température du jet d'oxygène par un apport métallique (4 000 à 5 000 °C).

Action chimique

Elle correspond à l'abaissement de la température de fusion du béton (1 700 °C au lieu de 30 000 °C) par apport d'oxydes réfractaires qui jouent le rôle de fondant.

Action cinétique

Le jet d'oxygène sous pression éjecte le laitier en fusion hors du trou de forage.

Matériel utilisé

Un chantier de forage thermique à l'oxygène comprend :
- les bouteilles à oxygène et leur circuit de distribution (manomètres, tuyau souple) ;

- un porte-lance et sa lance ;
- un écran métallique de protection.

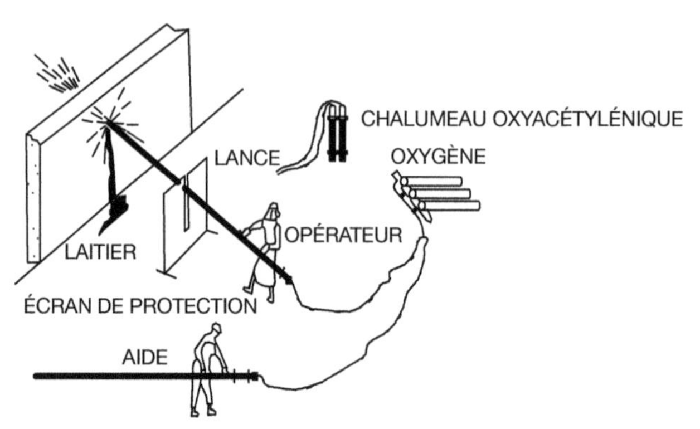

Figure 2.24 : Poste de forage thermique à la lance

Les tubes utilisés ont un diamètre de 13 mm, 17 mm ou 21 mm.

Dans le cas où l'on désire réaliser des forages plus importants, il est possible de relier plusieurs lances entre elles.

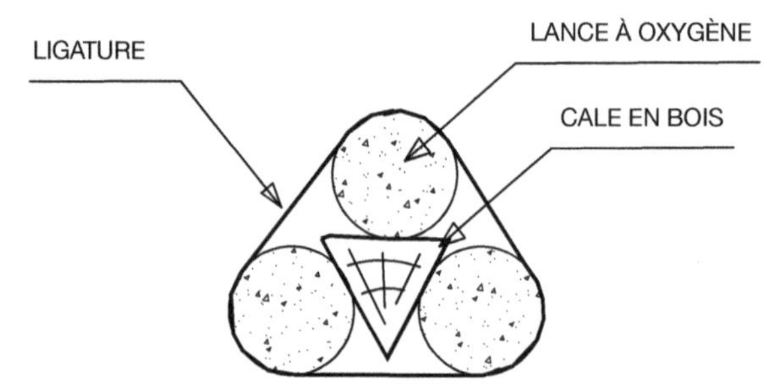

Figure 2.25 : Assemblage de plusieurs lances

Avantages et inconvénients

Les principaux avantages sont les suivants :
- procédé efficace pour la découpe du béton armé et du béton précontraint ;
- procédé silencieux, sans vibration, sans choc ;
- facilité d'emploi du matériel.

Parmi les principaux inconvénients, on peut relever :
- un manque de précision de la découpe par rapport à l'utilisation d'outils diamantés ;
- l'émission de fumées ;
- des projections et des coulées de laitier ;
- un coût relativement important dans lequel le prix des lances représente une part prépondérante.

La découpe au jet d'eau à haute pression

Cette technique, appelée également hydro-démolition, consiste à projeter un filet d'eau à très grande vitesse (600 à 900 m/s), à travers une buse de faible diamètre (0,05 à 0,5 mm).

Le diamètre du jet d'eau en contact avec le matériau à découper correspond au diamètre de la buse. Pour pouvoir découper le matériau, la pression du jet doit pouvoir atteindre jusqu'à 40 000 MPa. Le matériau est découpé par arrachement.

Pour obtenir un meilleur résultat avec le béton, on procède à l'adjonction d'un adjuvant abrasif.

Avantages

La découpe au jet d'eau permet d'attaquer des matériaux épais. Parmi les avantages, on note :

- l'absence d'échauffement de fond de coupe ;
- la possibilité de mettre à nu le ferraillage du béton armé ;
- l'absence de dégagement de gaz toxique ;
- peu de déformation de la matière.

Inconvénients

Tous les inconvénients liés à l'utilisation de l'eau, notamment le risque électrique.

3 PROCÉDÉS INNOVANTS

La démolition par effondrement présente de sérieux avantages sur la démolition mécanique, plus particulièrement sur les aspects suivants :

- rapidité d'exécution ;
- réduction de la gêne occasionnée aux riverains.

En effet, dans le cas de la démolition au moyen d'explosifs, tous les travaux de préparation s'exécutent à l'intérieur du bâtiment. Par contre, ainsi que nous l'avons indiqué plus haut, l'organisation du périmètre de tir représente des contraintes importantes en matière de sécurité.

La démolition par tubes de poussée présente une alternative à la démolition au moyen d'explosifs.

Principe

Il s'agit d'une nouvelle méthode de démolition. Comme cela a été signalé précédemment, la démolition de bâtiments élevés dans des zones urbaines denses ou sensibles au moyen d'explosifs pose des problèmes de voisinage.

Un entrepreneur de l'Est de la France a imaginé une méthode qui consiste à effondrer un immeuble dont la hauteur est au moins égale à rez-de-chaussée + 7 étages (R+7). La technique (figure 3.1) consiste à basculer la partie supérieure d'un immeuble sur ses éléments porteurs et à utiliser cette masse en mouvement pour écraser la partie inférieure.

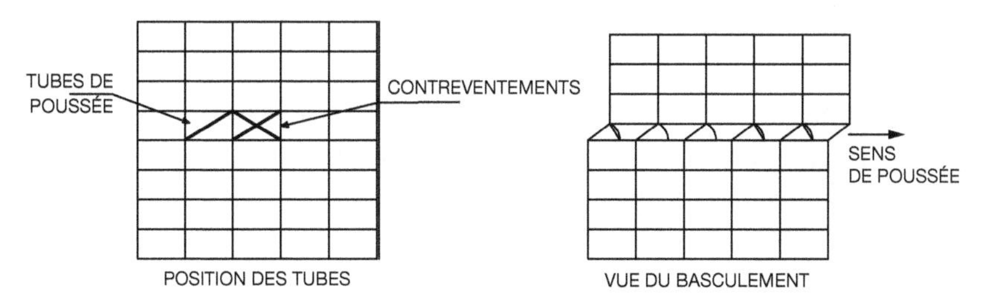

Figure 3.1 : Principe de démolition par poussée

On applique une force horizontale sur le plancher haut de l'étage traité après en avoir supprimé les contreventements ; la partie supérieure bascule et écrase la partie inférieure.

Nature des travaux

Considérons l'immeuble ci-dessus. Il comporte des voiles porteurs et des refends destinés à reprendre les efforts latéraux.

Si ces refends sont supprimés sur un niveau, la partie d'immeuble située au-dessus devient susceptible de se déplacer latéralement. Néanmoins, en disposant des contreventements provisoires équipés de vérins, il est possible de conserver la stabilité de la structure.

Phasage des travaux

Comme dans toute opération de bâtiment, nous aurons une phase « études » et une phase « travaux ».

La phase « études »

Elle consiste à étudier le principe de fonctionnement de le structure ainsi que de calculer la masse de l'immeuble à basculer afin d'écraser la partie inférieure.

La phase « travaux »

La phase « travaux » comprend les phases suivantes.

La phase de mise en sécurité

Le principe consiste à mettre en place une série de contreventements provisoires jouant un double rôle :
- maintenir le bâtiment en assurant sa stabilité ;
- augmenter la stabilité du bâtiment au moment de la poussée des vérins.

Les contreventements assurant la stabilité des voiles porteurs doivent néanmoins pouvoir être facilement escamotés au moment de la poussée.

La phase de préparation des porteurs

Les porteurs recevront un trait de scie de 5 cm environ, en pied et en tête, à une hauteur déterminée par calculs.

La mise en place des vérins hydrauliques de poussée latérale

Des découpes sont réalisées sur le plancher haut du niveau traité dans le but de :
- désolidariser la dalle du pignon ;
- créer des découpes pour « loger » les vérins.

La phase de « poussée »

La poussée est exercée par les vérins de poussée latérale et entraîne l'effondrement.

Intérêts du procédé

En premier lieu, un **intérêt économique** :

Le procédé par poussée permet de limiter les interventions de préparation avant l'effondrement. À titre de comparaison, une démolition à l'explosif sur une tour de 18 étages nécessite la préparation de 5 niveaux alors que la démolition par poussée ne demande de préparer qu'un seul niveau. Ceci permet donc une réduction des délais appréciable.

Ensuite, **une réduction des nuisances** :

On ne retrouve pas les problèmes liés aux explosifs (nuisances vibratoires et acoustiques).

Inconvénients du procédé

Le principal inconvénient de ce procédé est l'utilisation de vérins hydrauliques comme système de poussée. En effet, en cours d'effondrement de l'ouvrage, la rupture des flexibles d'alimentation entraîne une pollution des gravois.

Amélioration de la technique

Un nouveau procédé permet néanmoins de pallier cet inconvénient : il s'agit de l'utilisation de tubes de poussée par expansion de gaz.

Description

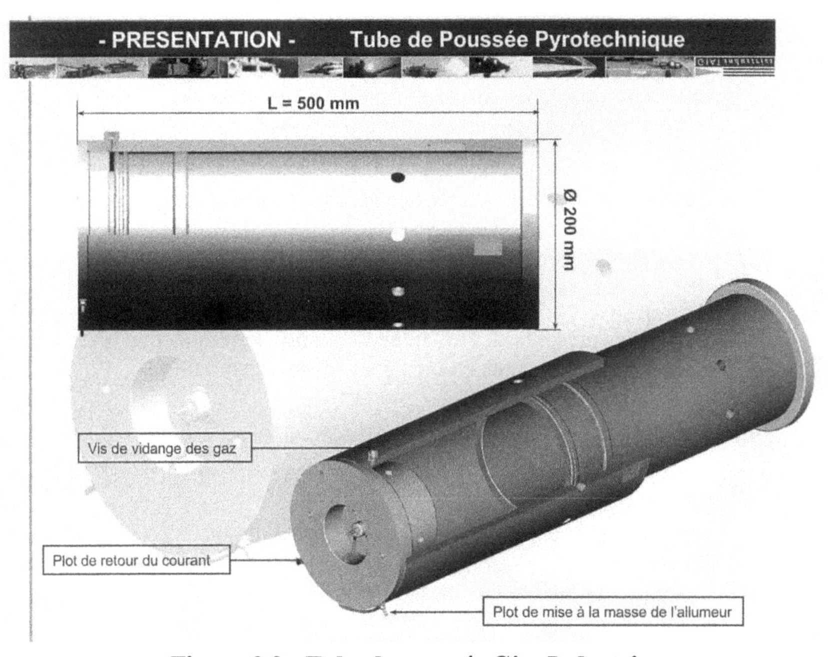

Figure 3.2 : Tube de poussée Giat Industries

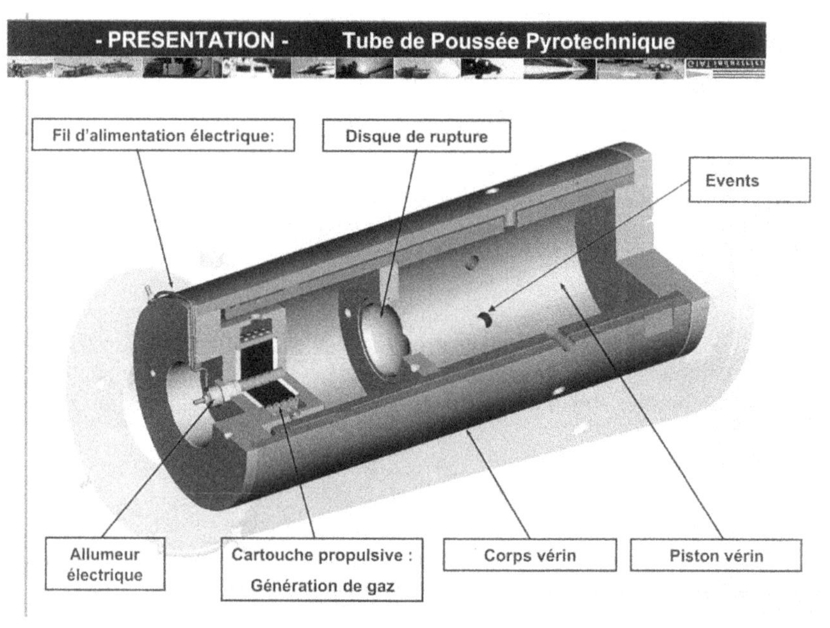

Figure 3.2 : Tube de poussée Giat Industries

L'initiation du système est électrique (allumeur) qui mettra à feu de la poudre propulsive dans une chambre de combustion ; la partie mobile du vérin est un tube de 0,5 m environ venant en recouvrement de cette chambre de tir.

Au moment du tir, les gaz générés par la mise à feu provoquent le déplacement du tube à recouvrement et délivrent une poussée de 600 kN.

L'adaptation à la structure s'obtient par la fixation de tubes pétroliers aux deux extrémités du dispositif, le réglage étant réalisé au moyen de tiges filetées.

Avantages

Ce procédé présente les avantages d'une démolition pyrotechnique (effondrement immédiat), sans en présenter les inconvénients.

Sur le plan de la sécurité

- Sécurité de stockage et de montage. Le circuit de mise à feu est shunté jusqu'au dernier moment.
- Sécurité vis-à-vis des décharges électrostatiques. Le système est mis à feu entre la masse et le plot central de l'allumeur.
- Sécurité à la mise à feu. Si le tube se bloque, un disque de rupture intégré au piston libérera la pression à l'air libre.
- Sécurité de fin de course. Les évents libèrent les gaz résiduels en fin de course. Le tube n'est alors plus sous pression.

- Sécurité après démolition. En cas de déploiement partiel du piston, la vidange des gaz se réalise par échappement lent au travers d'un petit évent calibré.

Sur le plan de l'environnement

- Pas de nuisance sonore due à la surpression aérienne.
- Zone de sécurité réduite. Les masses de matières actives pyrotechniques sont contenues dans le tube de poussée.
- Après le tir : pas de résidus actifs dans la nature.

4 EXEMPLES DE DÉMOLITIONS

Les exemples présentés ici concernent deux grandes familles de démolition :
- la démolition mécanique ;
- la démolition à l'explosif.

Démolition mécanique

Trois exemples typiques de démolition mécanique sont présentés :
- la démolition d'une tour à structure métallique ;
- la découpe d'une « barre » d'habitation en béton armé ;
- la démolition d'une passerelle en béton précontraint.

Démolition d'une tour à structure métallique

Caractéristiques du bâtiment à démolir

Le bâtiment possède une emprise au sol de $(23 \times 20{,}50)$ m^2. Il comporte 3 étages bas et 15 étages en superstructure.

La structure des bâtiments est constituée par des poteaux et des poutres en acier. Les planchers et les refends sont en béton armé.

Les planchers, constitués de pré-dalles, prennent appui sur un noyau central en béton armé et sur les façades.

Les façades sont constituées :
- à l'est et à l'ouest, par des murs rideaux fixés sur les poutres et les poteaux métalliques de façade ;
- au nord et au sud, par des voiles en béton armé.

Organisation du chantier de démolition

Après traitement du transformateur et décontamination des locaux comportant de l'amiante, des plates-formes élévatrices sont mises en place sur le pourtour du bâtiment.

Ces plates-formes ont un triple rôle :
- l'élévation du matériel ;
- l'élévation du personnel ;
- une protection anti-chute autour du bâtiment au niveau de l'étage traité.

Note

L'utilisation de ce type de matériel élévatoire nécessite un PPSPS (document de sécurité).

Après mise en place des plates-formes, l'enchaînement des tâches est le suivant pour chaque étage :
- création de trémies d'évacuation (1 pour les ferrailles et 1 pour les gravois ; les éléments de façades sont descendus au moyen des plates-formes) ;
- dépose des façades est et ouest ;
- démolition des façades nord et sud ;
- démolition du noyau central ;
- basculement des structures métalliques.

La démolition étant exécutée par des « mini engins », il a été exigé par l'entrepreneur de réaliser un essai préalable en chargement au point le plus défavorable du plancher. Par sécurité, les deux étages immédiatement inférieurs à l'étage démoli ont été étayés par des étais métalliques travaillant à la compression.

Afin de réduire le coût de l'opération, les trois étages inférieurs ont été démolis au moyen d'une pelle hydraulique (diminution du coût de location des plates-formes, rapidité d'exécution).

Note

La définition du niveau à partir duquel l'entrepreneur peut exécuter la démolition au moyen de pelles hydrauliques est conditionnée par le matériel qu'il utilise. En effet, pour des raisons de sécurité, l'extrémité du bras de la pelle doit atteindre une hauteur de 2 m supérieure à la partie la plus haute de l'ouvrage à démolir, le bras faisant par rapport au plan horizontal un angle qui ne peut excéder 45°.

Découpe d'une « barre » d'habitation en béton armé

Cette opération avait pour but d'effectuer une démolition partielle afin de transformer une « barre » d'habitation en deux tours ; la difficulté réside dans le fait que la découpe est réalisée en dehors des joints de dilatation.

Caractéristiques du bâtiment

L'immeuble comprend 7 cages d'escalier. Il s'agit d'un bâtiment R+10. Il est constitué d'une structure en béton armé (poutres, poteaux, refends) avec planchers continus.

Outre les problèmes de fluides à modifier, deux contraintes s'imposent :
- vibrations aussi faibles que possible dans les parties conservées ;
- maintien des caractéristiques de stabilité de la structure conservée.

Minimisation des vibrations dans la partie conservée

Dans ce type de démolition, deux mesures permettent de limiter les vibrations sous un seuil tolérable :

- par le sciage des planchers sur une largeur de 3 mm pour éviter la transmission des vibrations aux structures conservées ;
- par l'utilisation de la pince à béton plutôt que du BRH.

Conservation des caractéristiques de la structure pour éviter tout désordre ultérieur

Fondations

L'emprise du bâtiment démoli n'est pas réutilisée. Dans ce cas, le radier est conservé, ainsi que les longrines et les fondations.

Pour assurer la circulation des eaux, il est prévu de réaliser une perforation traversante selon une maille de 2×2 m.

Suppression du radier

Certaines précautions sont à prendre.

En effet, après démolition d'une partie du bâtiment, le sol se trouve décomprimé. Certains paramètres caractérisant le sol sont donc modifiés (la cohésion notamment…).

Dans ce cas, il est souhaitable de reconstituer l'ancrage des fondations de part et d'autre de la partie démolie au moyen de micro-pieux, qui présentent l'avantage de fonctionner au frottement latéral négatif.

Appui des planchers sur les poutres

Les planchers du bâtiment sont réalisés selon un principe de planchers continus. Ils sont donc hyperstatiques (figure 4.2).

Dans ce système, le moment fléchissant est nul aux extrémités et les travées intermédiaires présentent un moment positif en travée et un moment positif au droit des appuis.

Les moments négatifs sont repris par des aciers en chapeau situés au niveau de la nappe haute du plancher. La découpe doit donc être réalisée au droit des extrémités des chapeaux, dont la longueur et la position doivent être calculées au préalable.

Le moment négatif est ensuite reconstitué par la construction d'un mur pignon qui aura un double rôle de résistance mécanique et d'isolation.

Méthodologie

Compte tenu de la proximité immédiate des parties de bâtiment conservées, il n'est pas utilisé de moyens lourds pour les étages supérieurs.

La démolition est effectuée par de mini engins équipés de pinces à béton ; ils accèdent aux étages par la plate-forme élévatrice.

Ceci implique la méthodologie suivante :
- réalisation des pignons destinés notamment, comme nous l'avons vu précédemment, à permettre de reconstituer les moments négatifs ;

- élévation du matériel au moyen d'une grue télescopique ;
- étaiement ;
- sciage ;
- grignotage du plancher haut.

L'évacuation des matériaux de démolition s'effectuant par les trémies situées à l'intérieur des façades, cela permet d'éviter la poussière et de filtrer les bruits aériens.

Démolition d'une passerelle en béton précontraint

Cette passerelle, qui était aménagée en galerie marchande, représentait une surface de $(27 \times 27)\ m^2$.

La structure était composée de :
- 1 portique en béton armé à chaque extrémité ;
- 1 portique double au droit du joint de dilatation ;
- 14 poutres en béton précontraint par fils adhérents reprenant un plancher en prédalles ;
- un ensemble de portiques en béton armé reprenant des poutres en béton précontraint en post-tension.

La mise hors d'eau et hors d'air était assurée par un bac acier fixé sur une ossature métallique.

Pour cette démolition, les deux principales difficultés à maîtriser sont :
- une démolition en site urbain au-dessus d'une voie à grande circulation sans possibilité de disposer d'échafaudages ;
- la présence d'éléments de structure en béton précontraint.

Démolition en site urbain au-dessus d'une voie à grande circulation

Le site ne permettant pas d'utiliser des échafaudages, il convenait, d'une part, de mettre en place toutes les protections nécessaires pour éviter tous risques de chute du personnel et, d'autre part, d'avoir l'assurance qu'aucun matériau ne pouvait tomber accidentellement sur la chaussée.

Le parti retenu a été le suivant :
- Selon la coupe de l'ouvrage, le tube est constitué de deux demi-coques.
- Dans un premier temps, la couverture a été déposée, la structure étant conservée.
- Dans un second temps, la demi-coque basse a été arrimée sur les poteaux en béton armé au moyen de câbles tendus par tire-forts. Cette demi-coque inférieure a alors joué le rôle de parapluie de protection contre la chute des gravois et de garde-corps pour le personnel.

La démolition des superstructures a ainsi pu être exécutée sans risque.

Les pré-dalles ont été déposées, les gravois résiduels étant repris par l'habillage en sous-face de l'ouvrage.

La dernière phase des travaux a consisté – après avoir bloqué, de nuit, une demi-chaussée – à rabattre la demi-coque inférieure, et à déposer les poutres du plancher à la grue automotrice.

Présence d'éléments en béton précontraint

Après vérification, il s'est avéré que les poutres étaient en béton précontraint par fils adhérents, ce qui ne posait aucun problème de détension de câbles. Il était donc possible de tronçonner les poutres sans risque.

Démolition à l'explosif

Avec l'augmentation de la hauteur des ouvrages à démolir, l'explosif est de plus en plus utilisé.

Les deux familles de démolition à l'explosif

On distingue deux grandes familles de démolition à l'explosif :
- le foudroyage intégral, improprement appelé « implosion » ;
- le semi-foudroyage.

Il existe également plusieurs techniques combinant foudroyage intégral et semi-foudroyage.

Foudroyage intégral

Le foudroyage intégral est une méthode qui consiste à miner un ouvrage de telle manière qu'il s'effondre verticalement et que sa partie supérieure, grâce à la vitesse acquise, fractionne les parties d'ouvrage ayant déjà atteint le sol.

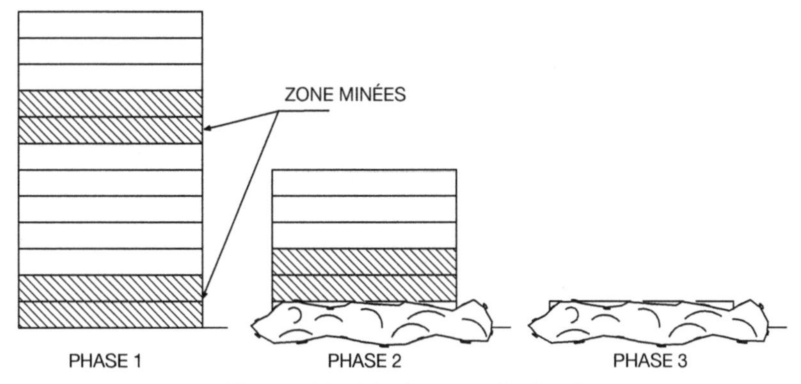

Figure 4.1 : Foudroyage intégral

Semi-foudroyage

Le semi-foudroyage consiste à miner un ouvrage de telle manière qu'il bascule dans les meilleures conditions.

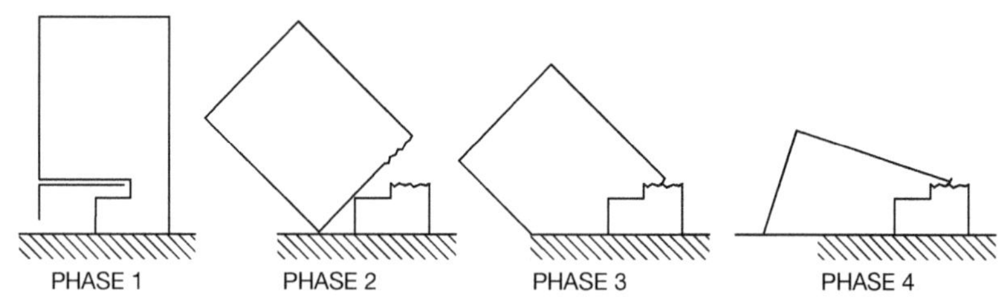

Figure 4.2 : Semi-foudroyage

Déroulement des travaux

Que l'on procède à la démolition d'un immeuble par foudroyage ou par semi-foudroyage, l'étude porte sur deux points :

- l'aspect mécanique ;
- l'aspect balistique.

L'aspect mécanique

Dans le cas d'une structure « poutres-poteaux », la préparation au tir ne modifie pas la stabilité de l'immeuble à démolir.

Par contre, dans le cas d'un ouvrage contreventé par des voiles en béton armé, il convient d'affaiblir ces derniers pour fragiliser l'immeuble, d'une part, et surtout pour pouvoir encastrer les charges.

Ceci s'appelle l'opération de dégraissage. Elle consiste à créer une ouverture dans le voile pour le ramener à un schéma mécanique de type « poutre-poteaux ».

Bien entendu, la stabilité de l'ensemble est diminuée. Pour pallier cet inconvénient, on peut disposer, dans certaines ouvertures, des croix de Saint-André en bastaings munies d'une charge d'explosif qui les détruira au moment du tir.

Ainsi, l'étude mécanique permet de garantir que l'immeuble est stable au moment du tir et qu'il est suffisamment affaibli pour s'effondrer dans de bonnes conditions.

Aspect balistique

Comme nous l'avons vu précédemment, les nuisances vibratoires et acoustiques sont fonction de la mise en œuvre d'une masse d'explosif à une « date » donnée.

Note

On appelle « date » non pas le jour de la démolition mais la milliseconde à laquelle une charge explose. Un tir s'étale en moyenne sur 450 millisecondes.

En conséquence, l'étude balistique consistera à répartir les charges dans l'espace pour obtenir un véritable scénario en fonction du temps. Ceci est obtenu au moyen d'un séquentiel de tir qui initie plusieurs circuits, complété par des micro-retards sur chaque circuit.

Exemples

Pour illustrer ces deux méthodes, nous prendrons pour exemple :
- un foudroyage intégral
- un semi-foudroyage.

Foudroyage intégral

Les caractéristiques de l'immeuble sont les suivantes :

Structure

Il s'agit d'une structure classique en béton armé constituée de poteaux, de poutres et de refends.

L'ensemble représente une masse de 2 980 t de béton.

La hauteur est de 32 m, ce qui représente un bâtiment R+12, et la surface au sol est de (20 × 20) m^2.

Traitement de l'immeuble

Le tableau suivant fait apparaître les étages minés :

Localisation	Masse d'explosif (en kg)	Nombre de micro-retards
Rez-de-chaussée	28,0	102
1er étage	18,8	62
5e étage	18,8	62
8e étage	18,8	62
Total	79,4	288

L'ensemble est réparti dans 336 perforations représentant une longueur totale de foration de 357 ml.

L'amorçage des charges a été assuré par un séquentiel complété par des micro-retards à chaque ligne.

Analyse des problèmes

Une étude préalable a porté sur les points suivants :
- répartition du bâtiment en 4 secteurs équilibrés, tant pour la partie dégraissée que pour la quantité d'explosif mise en œuvre ;
- étude des parties à dégraisser ;
- étude de la distribution des trous à réaliser ;
- étude de la quantité de charge par trou en fonction du type d'explosif ;
- étude de la phase d'amorçage par séquentiel et micro-retards ;
- conseil relatif à la protection du voisinage ;
- type de nuisances rencontrées dans ce type de démolition.

Ainsi que nous l'avons vu précédemment, les nuisances inhérentes à la démolition par explosifs sont :

- la poussière ;
- les projections de matériaux ;
- l'onde de choc ;
- les vibrations.

La poussière

Il n'existe que très peu de moyens de s'en protéger. Une des solutions consiste à asperger le nuage de poussière pour favoriser la déposition.

Les projections

Il existe deux types de projections de matériaux à maîtriser :

- Les projections dues au départ des charges. Ce type de projections est piégé par les protections que l'on met en place autour des points de minage.
- Par contre, au moment de la rupture de certaines parties en béton, des granulats peuvent être mis en contrainte et être projetés sur des distances pouvant atteindre 200 m.

L'onde de choc aérienne

Des mesures ont été effectuées in situ.

Les valeurs enregistrées au moment du tir sont les suivantes :

- à 75 m de l'ouvrage : 3,56 kPa
- à 31 m de l'ouvrage : 0,18 kPa (l'ouvrage était équipé de bâches)

Ceci démontre l'efficacité des bâches de protection en géotextile qui absorbent une grande partie du souffle.

Pour mémoire, rappelons que :

à 14 kPa	*toutes les vitres se brisent,*
à 5 kPa	*les vitres mal montées se brisent,*
à 1 kPa	*les panneaux vitrés précontraints ou mal montés se brisent,*
à 0,2 kPa	*les vitres et les assiettes vibrent.*

Les vibrations

Pour bien comprendre le phénomène, considérons la reproduction de l'enregistrement des trois phases vibratoires enregistrées :

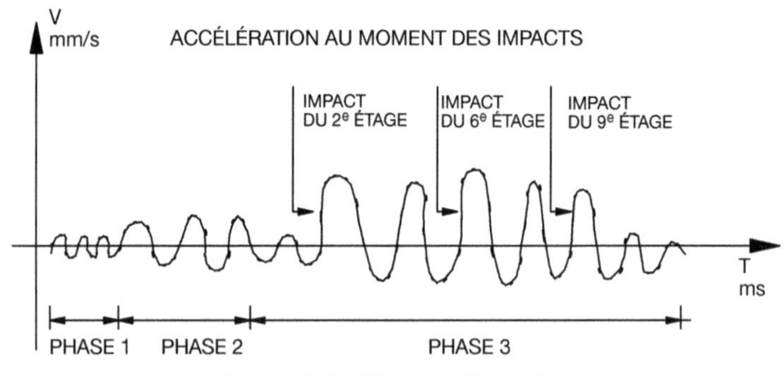

Figure 4.3 : Phases vibratoires

Les impacts au sol des étages situés au-dessus des niveaux dynamités (ici 2, 6 et 9) qui sont accompagnés d'accélérations partielles. On constate que ces chocs successifs entretiennent et augmentent les amplitudes vibratoires dans le temps, comme le pousseur d'une balançoire entretient et augmente l'amplitude du balancement.

Les amplitudes maximales enregistrées à une distance de 35 m sont les suivantes :

- Pour la phase 1 : 0,13 mm/s en pied d'immeuble
  0,74 mm/s sur le toit
- Pour la phase 2 : 2,17 mm/s en pied d'immeuble
  7,25 mm/s sur le toit
- Pour la phase 3 : 5,90 mm/s en pied d'immeuble
  17,50 mm/s sur le toit.

Ceci tend à confirmer que cette méthode entraîne des nuisances qui peuvent être amoindries par un autre procédé : le semi-foudroyage.

Semi-foudroyage

Structure

La structure est en béton armé. Elle est constituée de poteaux, de poutres et de refends.

L'ensemble représente une masse de 6 270 t de béton.

La hauteur est de 45 m, ce qui représente un bâtiment R+15, et la surface au sol est de $(20 \times 18)\ m^2$.

Le bâtiment le plus proche est situé à 28 m de celui à démolir.

Caractéristiques du tir

Les charges ont été disposées dans 1 524 trous suivant la répartition ci-après :

Localisation	Masse d'explosif (en kg)	Micro-retards
Rez-de-chaussée	35,0	0, 1, 2, 3, 4
Plancher haut du rez-de-chaussée	1,6	8
1er étage	29,9	11, 12, 13, 14
Total	66,5	

Analyse des problèmes

Le principal problème, dans un semi-foudroyage, est le calcul de l'ouverture.

Deux paramètres sont à maîtriser :

- la hauteur de l'ouverture ;
- la résistance de la charnière.

La hauteur de l'ouverture a été calculée de manière à limiter le risque de « planter » la tour. Elle a été pratiquée de telle manière que la charnière, restant après l'explosion, soit placée au 2e étage.

Cette position haute de l'axe de basculement place la force P appliquée en G hors du polygone de sustentation, provoquant ainsi un mouvement aisé du bâtiment.

La chute de l'arête A devait être placée à une hauteur suffisante pour que le talonnage au sol soit suivi d'une bonne dislocation.

La charnière a été calculée pour reprendre les efforts de basculement.

Note

Pour mémoire, lors d'un basculement, le pied de l'élément mobile est soumis à une force horizontale maximale dirigée vers l'arrière, égale à 0,2 fois le poids de l'élément basculé.

Ainsi, nous avions dans le cas présent :
- Poids de l'élément basculé : 54,30 MN
- Résultante horizontale : 10,86 MN

Types de nuisances rencontrées

Comme dans toute démolition à l'explosif, les nuisances rencontrées sont les suivantes :
- la poussière ;
- les projections de matériaux ;
- l'onde de choc aérienne ;
- les vibrations.

La poussière

Ainsi que nous l'avons vu dans le cas du foudroyage intégral, l'aspersion reste le meilleur moyen de la stabiliser.

Les projections de matériaux

Elles sont parfaitement maîtrisées puisque, dans le cas de semi-foudroyage, seuls les étages bas sont dynamités. Cela facilite la mise en place de protections telles que balles de paille, grillages, portes de récupérations, etc.

L'onde de choc aérienne

Dans le cas d'un semi-foudroyage, celle-ci est relativement faible et elle est dirigée suivant le lobe de directivité (figure 4.4) ci-après.

La surpression de l'onde aérienne engendrée par l'explosion possède la forme de la courbe représentée figure 4.5.

Dans le cas de la démolition qui nous intéresse ici, cette surpression était égale à 0,18 kPa à 100 m.

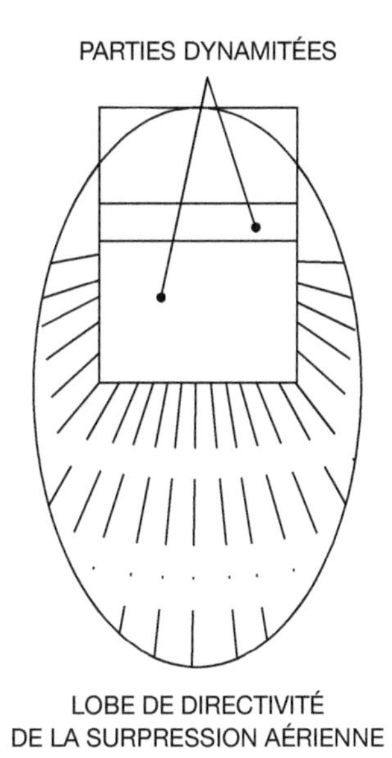

Figure 4.4 : Lobe de directivité

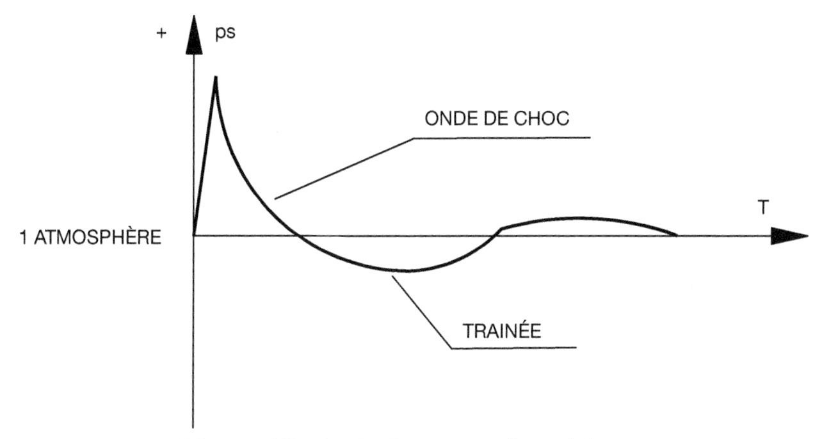

Figure 4.5 : Onde de surpression aérienne

Les vibrations

Comme dans le cas du foudroyage intégral, trois phases de vibrations ont été enregistrées :

- Phase 1 : vibrations de très faible amplitude inhérentes aux explosions de charges.
- Phase 2 : vibrations engendrées sur les bâtiments surveillés, par l'arrivée de l'onde aérienne.
- Phase 3 : elle comporte 3 plages distinctes :

– la première, relative aux vibrations dues au choc de l'arête du bâtiment sur le sol ainsi qu'aux mouvements de chute et de recul de la partie charnière ;
– un très long calme vibratoire, amplitudes faibles, mais basses fréquences ;
– de fortes vibrations au moment du choc de la toiture de l'immeuble sur le sol.

Dans le cas présent, il a été relevé en pied d'immeuble :

- 4,5 mm/s à 29 m,
- 2,1 mm/s à 73 m,
- 1,3 mm/s à 122 m,
- 0,5 mm/s à 165 m.

5 REPRISES EN SOUS-ŒUVRE

La démolition en milieu urbain nécessite quelquefois la consolidation des fondations des bâtiments voisins. Ainsi, ce chapitre est destiné à alerter les acteurs de la démolition sur les contraintes occasionnées par ces bâtiments.

Le terme « reprise en sous-œuvre » désigne généralement les techniques d'intervention sur les fondations d'un ouvrage existant dans le but de stabilisation ou de prévention.

Certaines démolitions peuvent nécessiter des reprises préventives pour empêcher l'instabilité d'ouvrages voisins au moment de la démolition, ou des reprises réparatrices d'ouvrages devenus en stabilité précaire après démolition voisine.

La nécessité ou non des reprises en sous-œuvre du voisinage doit normalement figurer dans l'étude préalable (donc au moment de la conception de l'opération de démolition) en tant qu'étude d'impact et estimation des conséquences dommageables.

Cette matière nécessite une bonne connaissance non seulement de la structure existante mais également du sol sous-jacent. Les ingénieurs structure et géotechniciens doivent ensemble et au préalable déterminer les probabilités de ruine des avoisinants et, par la même occasion, la révision des systèmes des fondations pour le rétablissement de la sécurité des ouvrages. De plus, ces paramètres de dimensionnement varient avec la technique de démolition adoptée.

La connaissance du sol peut nécessiter des sondages préalables ; il en existe plusieurs, dont les principaux sont :

- Le sondage pénétrométrique statique ou dynamique, qui relève la contrainte en fonction de la profondeur de résistance du sol sous une pointe conique calibrée. Les sondages par cette technique sont intéressant pour des profondeurs faibles (< 5 m).
- Le sondage pressiométrique, qui consiste à relever par paliers les pressions de fluage et limite, par l'intermédiaire de sondes gonflées progressivement au palier de mesure situé dans un forage préalablement exécuté.

L'ingénieur doit ensuite comparer les portances ainsi relevées aux descentes de charges des ouvrages considérés. Toute défaillance doit alors être compensée par une reprise en sous-œuvre.

La reprise en sous-œuvre peut bien souvent se limiter à une révision en surface du système de fondation pour permettre la répartition utile des charges et la bonne rigidité en infrastructure.

Pour les cas plus pathologiques ou singuliers, dus respectivement à une mauvaise consistance du sol sur une importante profondeur ou à une descente ponctuelle des charges de l'ouvrage, une reprise en sous-œuvre par appuis ponctuels profonds, dits « micropieux », peut présenter des avantages techniques et économiques.

Il existe plusieurs techniques de reprise en sous-œuvre par micropieux, dont une qui se distingue élégamment par l'utilisation du poids propre de l'ouvrage pour le fonçage des appuis.

À l'instar des démolitions par tubes de poussée ou par palan tracteur, la technique des pieux vérinés permet de mobiliser l'effort de réaction de l'ouvrage en tant qu'effort interne de l'opération de vérinage.

Cette technique est détaillée ci-après.

Outre la stabilisation par reprise en sous-œuvre des ouvrages, il peut être aujourd'hui opéré des translations d'ouvrages entiers par des techniques de relevage et/ou ripage, grâce à la puissance de la force hydraulique et à une maîtrise des efforts limites.

Le micropieu vériné

La mise en place de micropieux, ou appuis ponctuels profonds, peut se faire suivant plusieurs procédés, dont les plus connus sont les suivants :

- forage ou carottage ;
- fonçage par battage (masse en chute ou poussée par fusée pneumatique) ;
- fonçage par poussée hydraulique ;
- et d'autres, moins habituels, tel que le fonçage par vissage ou encore la propulsion à la roquette !

Chacune de ces techniques comporte ses avantages et ses inconvénients en cours d'exécution et chacune peut être plus ou moins adaptée selon la nature des travaux, l'accessibilité, et la nature du terrain.

Note

Le micropieu par Surfaces&Structures peut être exécuté suivant toute technique de fonçage par forage, vissage, battage ou vérinage. Le procédé par vérinage développé ci-après est un procédé particulier développé par Surfaces&Structures. Dans ce cas, le micropieu est foncé par poussée hydraulique mais se distingue en ce que la pointe en diamètre plus large que le train des tubes suivants, implique une réaction du terrain en cours de fonçage limitée à l'unique effort de pointe (ce qui évite tout coefficient réducteur.

Les avantages du vérinage

Quasi-absence de vibration, choc ou bruit.

La mobilisation d'un effort réduit à la réaction de pointe, ce qui permet de descendre à une profondeur plus importante.

La récupération des données pénétrométriques du terrain traversé par la pointe au droit de chaque appui, ce qui permet un sondage pénétrométrique du terrain à chaque appui.

La mobilisation de l'effort latéral uniquement après injection de coulis C/E = 2,5, ce qui augmente considérablement la portance de l'appui foncé.

Aucune extraction, mais un ajout de matière en forme d'armature et coulis de passivation.

Une vérification in situ et en grandeur réelle de la capacité portante de chaque appui. Ainsi, les charges peuvent être équilibrées et les profondeurs variables.

Une vérification en comportement aux charges de réaction des éléments de structures portantes de l'ouvrage fondations et murs (1,4 fois la charge de service permise par un fonçage consécutif).

Les contraintes du vérinage

Le risque de flambement pour d'importants élancements oblige soit à augmenter la section de l'armature de l'appui, soit à utiliser des centreurs intermédiaires (surcoût).

La traversée de certaines couches indurées ou de blocs en proche surface oblige à recourir à un forage ou à un carottage pour traverser (ce cas peut se produire en présence de couches dont P_l dépasserait les 30 bars).

Ces contraintes doivent faire l'objet de justifications par analyse des sondages et calcul des charges critiques.

Les limites du vérinage

Ce procédé ne peut être exécuté si le terrain à traverser présente une pression limite en surface supérieure à 30 bars (selon sondage).

Par évidence, ce procédé ne peut être exécuté en l'absence de construction existante, vu le besoin en charge de réaction pour le fonçage.

Dans la mesure où le fonçage hydraulique peut être exécuté, il offre des avantages par rapport à toutes les autres procédures, tant sur le plan d'exécution que de résistance et de sécurité technique.

6 TECHNIQUES DE RELEVAGE

Le relevage s'effectue, après stabilisation définitive des assises d'un ouvrage, par mise en charge fractionnée sur vérins et pompes hydrauliques, sous contrôle permanent de planéité.

L'opération se déroule en plusieurs étapes :

1. étude des descentes de charge, implantation des appuis ;
2. stabilisation définitive de l'assise (par reprise en sous-œuvre par exemple) ;
3. mise sur appuis de l'ouvrage (par création de petites niches et répartition par poitrail ; les portées, espacements et répartition des charges font l'objet de notes de calculs) ;
4. contrôle laser rotatif, pour les parties de part et d'autre du plan de relevage ;
5. relevage par paliers (fractions ne dépassant pas le 200e de l'espacement entre vérins) ;
6. contrôle continu, par un ou deux lasers, du respect de la planéité de l'ouvrage à chaque fraction de relevage ;
7. assistance anti-retour en continu par vérins à vis perdues (2 vérins à vis pour un vérin hydraulique) ;
8. scellement en tête et/ou bétonnage en fin de parcours.

Le respect de la planéité durant l'ensemble de l'opération pallie le risque de déformation de l'ouvrage.

L'avancement sous contrôle pas à pas est compatible avec un arrêt à tout instant sans aucun risque. Une démarche de retour pas à pas peut, si besoin, être envisagée.

La procédure est effectuée par des équipes expérimentées dans ce domaine, sous autocontrôle et contrôle du chef d'équipe. La probabilité de ruine est quasi nulle.

L'opération consiste en un essai en sollicitation des appuis à la charge de service. Les appuis sont donc automatiquement testés et la preuve de stabilité est apportée par le résultat de non-enfoncement lors de l'opération de relevage. Il n'y a aucun risque d'évolution ultérieure.

7 ÉTUDE DE CAS DE SOUTÈNEMENT DE FAÇADES

Un immeuble possédant un mur mitoyen avec un immeuble à démolir doit être soutenu avant la reconstruction d'un nouveau bâtiment.

L'immeuble conservé présente les caractéristiques suivantes :
- emprise au sol : 9×19 m^2 ;
- le pignon est parallèle à la rue.
- L'immeuble comporte :
- 1 sous-sol ;
- 1 rez-de-chaussée ;
- 3 étages d'une hauteur de 3 mètres ;
- 1 comble de 4 m de hauteur.

La stabilité de cet immeuble est constituée par :
- les façades ;
- les pignons ;
- 3 refends perpendiculaires aux façades.

Tous ces éléments sont supposés de 30 cm d'épaisseur et de poids propre estimé à 2 000 daN/m^3.

Contraintes liées au futur bâtiment (parking)

Le bâtiment qui doit être reconstruit à l'emplacement du bâtiment démoli comporte un parking souterrain.

L'implantation altimétrique des plots en béton et des massifs tiendra compte du niveau fini du dallage du parking.

Le dallage fini du parking est à la cote 58,53 NGF.

L'arase inférieure du dallage au point le plus bas est 58,15 NGF.

Cela conduit à concevoir un dispositif de butonnage comportant des points d'appui fondés sous la dalle du parking. Ces points d'appui seront constitués par des massifs en béton armé implantés suivant le plan joint en annexe.

Les butons seront disposés de manière à ne pas gêner la construction.

Hypothèses prises en compte

La méthode de calcul pour la stabilisation de l'immeuble consiste à évaluer les efforts au niveau des planchers des 1e, 2e et 3e étages et à les bloquer au moyen de butons métalliques ; ceux-ci seront appuyés sur la façade et, en pied, sur des plots en béton armé coulés à 6 m environ de la façade. Ces plots possèdent une section de (1×1) m^2 sur une profondeur de 2 m environ, suivant le sol rencontré.

La valeur de ces efforts horizontaux fictifs, appliqués au niveau des étages pour assurer la stabilité de l'ouvrage, sera prise forfaitairement égale à 15 % de la valeur des charges verticales estimées à chaque étage.

La stabilisation est assurée par 2 butons métalliques.

Calculs (méthode forfaitaire)

Charges afférentes au 3e étage

• Combles + faux plafond + neige :	
$19 \text{ m} \times 9 \text{ m} \times 250 \text{ daN/m}^2 =$	42 750 daN
• Plancher :	
$19 \text{ m} \times 9 \text{ m} \times 450 \text{ daN/m}^2 =$	76 950 daN
• Murs de façades :	
$2 \times 19 \text{ m} \times 4 \text{ m} \times 0{,}30 \text{ m} \times 2\,000 \text{ daN/m}^3 =$	91 200 daN
• Refends et pignons :	
$5 \times 9 \text{ m} \times 4 \text{ m} \times 0{,}30 \text{ m} \times 2\,000 \text{ daN/m}^3 =$	108 000 daN
Total =	**318 900 daN**

Effort horizontal par buton : $0{,}15 \times 318\,900/2 = 159\,450$ daN

Charges afférentes au 2e et au 3e étage

• Planchers :	
$19 \text{ m} \times 9 \text{ m} \times 450 \text{ daN/m}^2 =$	76 950 daN
• Murs de façades :	
$2 \times 19 \text{ m} \times 2{,}8 \text{ m} \times 0{,}30 \text{ m} \times 2\,000 \text{ daN/m}^3 =$	63 840 daN
• Refends et pignons :	
$5 \times 9 \text{ m} \times 2{,}8 \text{ m} \times 0{,}30 \text{ m} \times 2\,000 \text{ daN/m}^3 =$	75 600 daN
Total =	**216 390 daN**

Effort horizontal par buton : $0{,}15 \times 216\,390/2 = 108\,195$ daN

Figure 7.1 : Butonnage

8 ÉTUDE DE CAS DE MUR DE SOUTÈNEMENT EN SOUS-SOL

Dans le cas d'une démolition totale, les dallages sont démolis, les fondations sont déroctées.

Les cavités ainsi obtenues sont entièrement remblayées, ce qui ne pose aucun problème de poussée des terres.

Cependant, il arrive, lorsque le terrain libéré par la démolition n'est plus destiné à recevoir une construction, que le dallage ou le radier ainsi que les murs périphériques soient conservés et non remblayés.

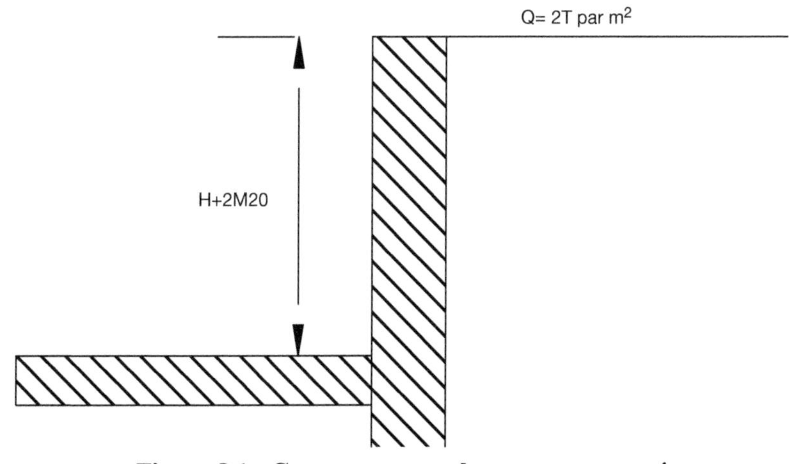

Figure 8.1 : Coupe en sous-sol sur mur conservé

Dans ce cas là, le terrain exerce une poussée sur le mur conservé.

Prenons un exemple :

- Hauteur du mur : $h = 2{,}20$ m
- Surcharge : $q = 2\ 000$ daN/m^2
- Angle de frottement : $\phi = 30°$
- Cohésion $\gamma = 1\ 800$ daN/m^3

Le coefficient de poussée est :

$K_a = tg^2\ (45° - 30°/2) = 0{,}33$

Poussée due à la surcharge :

$S_q = q \times K_a \times h$ (par ml de mur)
$= 2\ 000 \times 0{,}33 \times 2{,}20 = 1\ 452$ daN/ml

Cette poussée s'applique à h/2 soit 1,10 m du dallage ou du radier.

Pression due au terrain :

$S_t = 1/2 \times \gamma \times h^2 \times K_a$ (par ml de mur)
$= 0{,}5 \times 1\ 800 \times (2{,}2)^2 \times 0{,}33 = 1\ 437$ daN/ml

Cette poussée s'applique à h/3 du dallage ou radier.

9 ÉVALUATION SOMMAIRE DES QUANTITÉS EN DÉMOLITION

L'estimation des coûts de démolition découle :

- des quantités ;
- des coûts.

Les coûts étant variables, seule est indiquée une procédure pour l'évaluation des quantités.

Cas n° 1 : démolition mécanique

Soit un bâtiment dont les caractéristiques sont les suivantes :

- emprise au sol : 20×10 m^2 ;
- hauteur : R+4.

Les différents postes de dépenses à prendre en compte sont les suivants :

- clôture de chantier ;
- installation de chantier ;
- curage du bâtiment ;
- démolition mécanique ;
- chargement ;
- évacuation ;
- décharge.

Les unités sont les suivantes :

- Clôture de chantier : ml
- Installation de chantier : forfaitaire
- Curage du bâtiment : m^2
- Démolition mécanique : m^2
- Chargement : kN
- Évacuation : kN
- Décharge : kN

Évaluation des quantités

Clôture de chantier

L'évaluation se fait en mesurant la longueur sur le plan masse.

Installation de chantier

Elle est forfaitaire.

Curage, démolition mécanique

Il est communément admis, dans le cas de démolition de logements, que 1 m^2 de logement produit 1 m^3 de gravois.

En conséquence, c'est la surface hors œuvre qui est prise en compte :

20 m × 10 m × 5 niveaux = 1 000 m^2 soit 1 000 m^3 foisonnés.

Nous aurons donc :

Curage = 1 000 m^2

Démolition = 1 000 m^2

Chargement

On peut admettre que le coefficient de foisonnement est de 1,6 et le poids propre du béton de 26 kN/m^3.

Le poids à évacuer est donc de : 1 000/1,6 × 26 = 16 250 kN.

Évacuation

Ce poste couvre les frais de transport.

Si le chantier traité permet d'effectuer 5 rotations/jour pour un semi-remorque d'une contenance de 150 kN, chaque camion évacuera : 5 × 150 kN = 750 kN.

Le nombre de camions sera de : 16 250/750 = 22 jours/semi-remorque.

Cette évaluation sera convertie en prix par tonne transportée.

Décharge

Il sera pris en compte le poids total produit par le chantier.

Nous aurons donc le quantitatif suivant :

- Clôture de chantier 180 ml
- Installation de chantier forfaitaire
- Curage du bâtiment 1 000 m^2
- Démolition mécanique 1 000 m^2
- Chargement 16 250 kN
- Évacuation 16 250 kN
- Décharge. 16 250 kN

Cas n° 2 : démolition à l'explosif

Nous utiliserons la même méthode que pour la démolition mécanique sur les postes suivants :

- Clôture de chantier ml
- Installation de chantier forfait
- Curage du bâtiment m^2
- Chargement kN
- Évacuation kN
- Décharge kN

Pour les postes spécifiques à la démolition au moyen d'explosifs, nous utiliserons :

- Forations 1 personne exécute 20 ml/jour et utilise 1/2 compresseur/jour
- Dégraissage 1 mini pelle réalise 15 m^2/jour
- Protections paille + grillage (m^2)
- Géotextile matériel géotextile (m^2)
  mise en œuvre moyenne : 8 personnes et 4 h/niveau
- Dynamite daN
- Détonateur électrique l'unité
- Chargement f forfaitaire
- Ciment expansif daN

Ferrailles

Les cours de récupération des aciers sont très variables. Il convient donc de prendre en compte le cours moyen en vigueur publié dans *Le Moniteur des Travaux Publics.*

De ce prix, il convient de déduire :

- le conditionnement aux dimensions des fours électriques (1,50 × 0,50) ;
- le transport.

Cela représente généralement une déduction de 50 % à 55 % du prix de vente.

Note

Dans la présentation du prix de démolition d'un ouvrage, la déduction du prix de la ferraille se fait forfaitairement sur le prix TTC.

10 ASPECT RÉGLEMENTAIRE

Les travaux de démolition sont encadrés par un ensemble de décrets et recommandations.

On distingue :
- le permis de démolir ;
- les documents réglementaires qui s'appliquent à l'exécution des travaux ;
- les règlements qui s'appliquent à l'utilisation d'explosifs ;
- le référé préventif.

Permis de démolir

Dans la plupart des cas de démolition, il est déposé un permis de démolir.

Cette démarche est régie par les articles L 430-1 à L 430-9, R 430-1 à R 430-27, et A 430-1 à A 430-4 du code de l'Urbanisme.

Dans quel cas doit-on déposer une demande de permis de démolir ?

Le permis de démolir constitue une forme de sauvegarde du patrimoine bâti, des quartiers, des monuments et sites ainsi qu'une protection des occupants des logements anciens.

En France, la demande de permis de démolir n'est ni systématique ni obligatoire ; elle concerne les travaux de démolition correspondant à la disparition totale ou partielle d'un bâtiment avec atteinte au gros œuvre, ainsi que les travaux ayant pour objet de rendre les locaux inhabitables (enlèvement des huisseries, des escaliers…).

Les situations dans lesquelles le permis est obligatoire sont les suivantes :
- à Paris et dans un périmètre de 50 km autour des anciennes fortifications ;
- dans les secteurs sauvegardés et les périmètres de restauration immobilière ;
- dans les zones de protection des monuments historiques ;
- dans les zones de protection de patrimoine architectural, urbain et paysager ;
- dans les zones délimitées par le plan d'occupation des sols rendu public ou par le plan local d'urbanisme approuvé ;
- dans les espaces naturels sensibles des départements ;
- pour les immeubles inscrits à l'inventaire supplémentaire des monuments historiques.

La demande a beaucoup de similitudes avec celle du permis de construire. Ce sont pourtant deux procédures distinctes car l'obtention d'un permis de construire n'a pas valeur de permis de démolir.

Les propriétaires ou leurs mandataires peuvent solliciter un permis de démolir à la mairie et établir la demande en quatre exemplaires. Le délai d'instruction est de quatre mois à compter du dépôt du dossier complet.

Le maire et le préfet peuvent être compétents pour délivrer un permis de démolir. Une décision négative doit être motivée ; l'octroi du permis peut être exprès ou tacite.

Le permis de démolir est valable pendant 5 ans à compter de la notification. Il en est de même si les travaux sont interrompus pendant un délai supérieur à 5 ans.

Le permis de démolir n'est pas exigé lorsque la démolition est imposée par une réglementation administrative ou par une décision de justice, par exemple :
- immeuble menaçant ruine ou déclaré insalubre ;
- démolition d'une construction édifiée sans autorisation, en application d'une décision de justice ;
- immeuble frappé d'une servitude de reculement, conformément à un plan d'alignement.

Documents réglementaires s'appliquant à l'exécution des travaux

Quel que soit le mode de passation de marché (public ou privé), il est fait rappel à l'entreprise des conditions juridiques selon lesquelles les travaux seront exécutés.

En cas de litige, cette partie du marché revêt une grande importance. C'est pour cela qu'elle doit faire l'objet d'une lecture attentive avant toute étude.

Les documents contractuels particuliers seront ceux connus à la date de soumission et comprennent notamment :
- la prescription n° D 801 CDU 69-059-6 de l'OPPBTP ;
- les recommandations de la CNAM, notamment celle du 10/07/91 « Démolition par procédé mécanique ou à la main » ainsi que celle du 27/06/1990 approuvée par le CTNBTP ;
- les textes mentionnés dans le répertoire et production de l'OPPBTP, et en particulier le document n° 253 B 90 « Élévation du personnel » ;
- le décret n° 47-1592 du 23/08/1947 relatif aux appareils de levage autres que les ascenseurs et les monte-charges ;
- le décret n° 65-48 du 08/01/1965 relatif aux travaux de démolition, ainsi que la circulaire d'application du 29/03/1965 ;
- la norme BSI n° 6187 édition 1982 « Code of practice for demolition » ;
- le décret du 18/04/1969 sur les engins de chantier.
- la réglementation en vigueur concernant les véhicules de transport, les matériels de manutention, les engins de chantier ;
- le code de la route.

Règlements s'appliquant à l'utilisation d'explosifs

La réglementation s'applique notamment pour les problèmes concernant :
- l'acquisition ;
- la détention ;
- le transport.

Les principaux décrets concernant la démolition au moyen d'explosifs sont les suivants :

- décret n° 87-231 du 27 mars 1987 réglementant le transport d'explosifs sur la voie publique ;
- décret n° 92-1164 du 22 septembre 1992 :
  - l'article 11 précise l'interdiction d'utiliser le même transport pour transporter l'explosif et les détonateurs,
  - l'article 15 fait obligation de la tenue de registres de réception et de consommation d'explosif ;
- décret n° 81-972 du 21 octobre 1981, qui concerne l'autorisation d'utiliser les produits explosifs à réception.

Note

Il est bien entendu que toute la réglementation concernant la démolition mécanique s'applique.

Le référé préventif

Comment éviter les litiges avec le voisinage dus à une démolition ?

Généralement, la plupart des démolitions se déroulent en site urbain.

Les sites industriels promis à la démolition possèdent souvent leurs voisins propres tels que voies ferrées, autres bâtiments industriels ou équipements publics.

Ainsi que nous avons pu le voir dans les chapitres précédents, un chantier de démolition, quelles que soient les précautions prises, est susceptible de créer des dommages.

Pour régler les litiges qui pourraient survenir, la jurisprudence a créé ce qu'on appelle le « référé préventif ».

Il s'agit d'une procédure rapide qui consiste à faire désigner un expert par le juge des référés.

Cette désignation intervient avant tout litige.

Elle rassemble les voisins, le maître d'ouvrage, le maître d'œuvre, les entreprises et les bureaux de contrôle.

Dans sa mission, l'expert aura en charge :

- la description détaillée de l'état préexistant des avoisinants ;
- de fournir une explication technique afin de prévenir les litiges consécutifs à l'impact de la démolition ;
- de donner un avis technique sur la méthode et les moyens mis en œuvre.

L'expert pourra être missionné pour toute la durée du chantier ou, à défaut, s'arrêter dès les premiers travaux.

Il est important de noter que l'expert ne peut être ni le maître d'œuvre ni le tribunal.

Son avis ne dégage pas le maître d'œuvre de ses responsabilités, et il n'a pas le pouvoir de statuer sur un litige.

11 TRAITEMENT DES MATÉRIAUX

Le traitement des matériaux résultant de la démolition s'inscrit dans l'élimination des déchets.

Nature des déchets

Les déchets peuvent être classés, en fonction des risques qu'ils présentent, en trois catégories :
- les déchets dangereux ;
- les déchets inertes ;
- les déchets ménagers et assimilés.

Déchets dangereux

Ce sont des déchets représentant des risques ou contenant des produits dangereux.

Les déchets inertes

Ce sont des déchets qui ne subissent, en cas de stockage, aucune réaction chimique, physique ou biologique de nature à nuire à l'environnement.

Leur potentiel polluant, leur teneur élémentaire en polluant ainsi que leur toxicité doivent être insignifiants.

Les déchets ménagers et assimilés

Ils comprennent les déchets de l'industrie ou de l'agriculture, du commerce et de l'artisanat, dès lors qu'ils sont inertes et non dangereux.

Déchets de chantiers de bâtiment

Les déchets de chantiers de bâtiment sont répartis dans ces trois catégories :

- les déchets dangereux, dont les déchets industriels spéciaux (DIS) tels que peinture avec solvant, colle, amiante… ;
- les déchets ménagers et assimilés, dont les déchets industriels banals (DIB) tels que le bois, certains plastiques d'emballage non souillés… ;
- les déchets inertes.

Le stockage de ces déchets se fait dans des décharges qui sont regroupées en trois catégories définies dans le tableau ci-après :

Type de décharge	Type de déchet	Type d'installation
Classe I	Déchet industriel spécial (essentiellement solide, minéral, stabilisé à court terme) avec des contraintes physico-chimiques dont notamment : – % de composants et pH plafonné (test de lixiviation) – partie organique et biologique limitée	Classée
Classe II	Déchet ménager et assimilé (déchet industriel banal)	Classée
Classe III	Déchet inerte contrôlé visuellement	Classée

Les matériaux inertes acceptés dans les décharges classe III peuvent être recyclés par concassage.

L'opération se déroule soit sur le chantier, si l'environnement immédiat le permet, soit sur un site de concassage.

Une centrale de concassage de béton comprend :
- un groupe d'alimentation ;
- un groupe de concassage ;
- un déferrailleur ;
- un groupe de criblage.

Le groupe d'alimentation

Il est constitué :
- d'une alimentation à raclette présentant les caractéristiques suivantes :
  - Pression maxi : 3 500 MPa
  - Puissance installée : 22 kW
  - Vitesse : 0 à 11 tours/min
- d'une trémie présentant les caractéristiques suivantes :
  - Capacité : 10 m^3
  - Hauteur de chargement : 3,50 m
  - Largeur de chargement : 3,80 m
- d'un groupe de concassage comprenant :
  - *le concasseur*, soit à mâchoire soit à percussion, ce dernier étant plus efficace,
  - *le scalpeur*, dont le débit est de l'ordre de 2 200 à 2 500 kN/h.

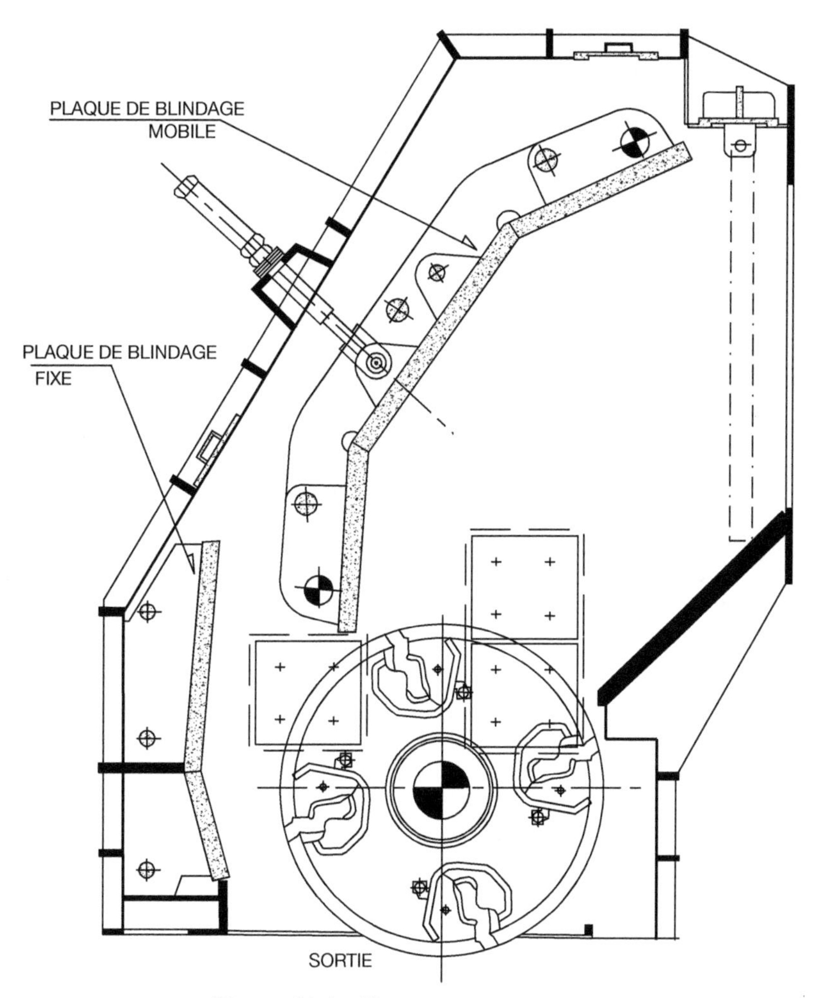

Figure 11.1 : Coupe sur concasseur

La coupe ci-dessus fait apparaître les différents éléments du concasseur :

• *Le rotor* :

Les écrous de choc sont équipés d'une plaque d'usure.
Le matériau scalpé arrive sur le rotor, qui le projette sur les écrous de choc. Les éléments concassés tombent sur un tapis roulant qui les évacue vers le crible suivant un débit moyen de 2 000 kN/h.

• *L'extracteur vibrant* :

L'extracteur vibrant comprend un déferrailleur magnétique chargé de séparer les métaux ferreux du béton, ainsi qu'un groupe de criblage équipé de différentes grilles (40 mm, 60 mm et 80 mm).

Le concassage des gravats en béton de démolition présente des avantages :

- Le contrôle systématique des apports permet de prohiber le plâtre, dont la teneur en sulfate provoque des gonflements.
- La mobilité des centrales permet de rapprocher les points d'approvisionnement en matériaux de chantier, donc de diminuer les coûts de transport.

Par contre, il présente également des inconvénients :

- Étant générateur de bruit et de poussières, chaque installation doit faire l'objet d'une déclaration aux installations classées.
- En plus du coût d'amortissement, les dépenses d'exploitation sont les suivantes :
  - coût d'usure élevé,
  - coût de matériel d'accompagnement (une pelle équipée d'une pince à béton et un chargeur pour l'évacuation),
  - personnel d'accompagnement (1 chef, 1 chalumiste, les conducteurs)

Selon sa granulométrie, la grave concassée trouve son utilisation dans divers domaines :

- Grave 0/120 : Couches de formes de chaussée ;
- Grave 0/31,5 : Remblaiement de tranchées d'assainissement ;
- Cailloux 40/120 : Masques drainants de merlons ;
- Grave 0/31,5 : Plates-formes de stockage de déchets ménagers.

12 CHARTE ENVIRONNEMENTALE

En l'absence d'équivalence en matière de démolition, des règles ont été définies.

La « charte environnementale » mise en place par la SEMAVIP pour ses chantiers de démolition a été appliquée, à titre expérimental, sur le secteur d'aménagement Château Rouge à Paris 18e. Elle consiste en une intervention sur une soixantaine de bâtiments déclarés insalubres et très dégradés. L'entreprise GENIER-DEFORGE assure la démolition des bâtiments sur ce secteur.

Cette « charte environnementale » sera par la suite généralisée – dans le cadre de la certification ISO 14001 de la SEMAVIP – à l'ensemble de ses opérations.

Voici le contenu de cette charte.

Préambule

L'entreprise prend l'engagement, dans le cadre du marché que lui a attribué la SEMAVIP, d'adopter les mesures suivantes, dans le cadre du respect de l'environnement.

L'opération est menée dans le souci de respecter l'environnement.

En l'absence de réglementation HQE dans le domaine de la démolition, l'entrepreneur portera son effort sur les points suivants :

- les mesures techniques relatives à l'environnement du chantier ;
- les mesures techniques relatives aux déchets.

Mesures techniques à l'environnement du chantier

L'effort portera, notamment, sur les points suivants :

- les moteurs thermiques ;
- les outils hydrauliques travaillant à la percussion ;
- le trafic ;
- la poussière.

Moteurs thermiques

Les moteurs devront être soigneusement réglés pour satisfaire aux normes acoustiques et de pollution atmosphérique de la réglementation.

Outils hydrauliques travaillant à la percussion

La pince à béton devra être préférée au brise roche hydraulique (BRH). Toutefois, dans le cas où cela n'est pas possible, l'entrepreneur limitera l'utilisation aux BRH classés 1re catégorie par la SNCF.

À titre d'information, la classification SNCF est la suivante :
- 1re catégorie : les BRH dont l'énergie par coup est < 1 800 joules ;
- 2e catégorie : les BRH dont l'énergie par coup est comprise entre 1 800 et 2 500 joules ;
- 3e catégorie : les BRH dont l'énergie par coup est > 2 500 joules.

Trafic

L'entrepreneur présentera un plan de circulation sur le chantier ainsi que sur les abords du quartier.

Dans ce document sont abordées les principales visant à obtenir :
- une définition des horaires de trafic respectant les heures de repos des riverains ;
- une réduction des trajets des véhicules transportant les gravois ;
- la limitation du passage des camions sur les voies résidentielles ;
- l'organisation des aires de manœuvre pour limiter les « marches arrière » et, par conséquent, l'avertisseur de recul.

Poussière

L'entrepreneur mettra en œuvre tous moyens pour stabiliser la poussière à l'intérieur du chantier.

Deux cas de figures sont envisagés :
- *démolition par grignotage ;*
- *démolition par effondrement.*

Démolition par grignotage

Ce type de démolition génère une faible quantité d'émission de poussière par minute. L'arrosage méthodique des points d'émission (zones de grignotage, zones de chargement…) apporte une solution satisfaisante.

Démolition par effondrement :

Ce type de démolition génère une importante quantité d'émission de poussière instantanée. Dans ce cas, l'usage d'une rampe constituant un mur d'eau, si sa mise en œuvre est possible, est recommandé.

Mesures techniques relatives aux déchets

L'entrepreneur procédera au tri sélectif en classant les matériaux suivant les catégories réglementaires :

- déchets inertes (béton, céramique, verre…) ;
- déchets industriels banaux (DIB) (gypse, fibres organiques, produits de synthèse, bois non traité…) ;
- déchets industriels spéciaux (DIS) (métaux, bois traité, fibres minérales…).

L'entrepreneur doit l'évacuation des gravois vers les décharges tel que le prévoit la réglementation : une fiche de traçabilité sera remise à l'entrepreneur titulaire du lot démolition qui devra la compléter et la remettre au maître d'œuvre après chaque évacuation des déchets. Cette fiche comportera le type de déchets évacués, le transporteur chargé de l'évacuation, les type et lieu de la décharge de réception, avec la signature des différents intervenants.

Cette partie de la mission devra respecter les directives et documents contractuels en vigueur au moment de la soumission, particulièrement :

- audit des bâtiments avant démolition par le ministère de l'Équipement, des Transports et du Logement ;
- prévention réglementation dans la lutte contre les termites ;
- prescription n° D 801 CDU 69-059-6 de l'OPPBTP ;
- décret du 18/04/1969 sur les engins de chantier.

CONCLUSION

Conclure sur une activité en pleine mutation serait déraisonnable. Il est par contre possible de dégager quelques enseignements.

Qu'est-ce qu'un ouvrage à démolir ?

Un ouvrage à démolir est une masse de matériaux constituant différents éléments ordonnés entre eux. L'ensemble appartient à un environnement spécifique.

C'est là que l'on peut situer les problèmes que pose la démolition, au niveau de l'étude d'une part, au niveau de l'exécution d'autre part.

L'étude d'une démolition fait intervenir plusieurs disciplines du bâtiment, notamment la résistance des matériaux et la mécanique des sols.

Dans le cas de démolitions au moyen d'explosifs, il importe de maîtriser les phénomènes acoustiques et vibratoires.

En aucun cas l'acte de démolir ne doit être improvisé, d'où l'importance de la phase étude.

Cependant, la phase étude ne saurait être prospère sans les capacités de l'exécutant.

Dans les pièces écrites des marchés de démolition, il est reconnu que l'entrepreneur est un « homme de l'art ».

En tant qu'« homme de l'art », l'entrepreneur est réputé avoir les compétences nécessaires au maintien d'un parc de matériel spécifique.

Il doit organiser dans les meilleures conditions la mise en œuvre de ses moyens, aussi bien humains que matériels, dans le respect des règles de sécurité.

Acteur de la protection de l'environnement, il doit anticiper toute pollution accidentelle irréversible.

Le tout dans des conditions financières acceptables.

Quelle activité impose autant d'obligations ?

Et pour quels risques ?

Une des particularités de la démolition est que la sanction est immédiate en cas d'erreur. Un bâtiment qui s'effondre partiellement ou qui ne s'effondre pas crée une situation dangereuse qui demande de grandes qualités pour y remédier.

Aussi, ces contraintes et ces obligations font que la démolition, loin d'être une spécialité mineure, demande des compétences spécifiques puisées dans de multiples corps d'état.

BIBLIOGRAPHIE

[1] **J. MUR et J.P. MUZEAU**, *Étude comparative des divers procédés de démolition. Critères de choix,* Annales de l'I.T.B.T.P., n° 377, Série technique générale de la construction, n° 75, novembre 1979, p. 53-86.

[2] **J. RONDAL**, *Techniques de démolition*, Eyrolles, 1989.

Ingram Content Group UK Ltd.
Milton Keynes UK
UKHW051112070423
419751UK00024B/355

9 782212 11602